KB121651

설계와 디자인 아이디어가 돋보이는

살기 좋은 집짓기 50

Comfort with Layout and Idea

땅과 주변 환경, 자금 등 한정된 조건 속에서
내가 꿈꾸는 이상적인 집을 짓기 위해서는
무엇보다 '설계'와 '아이디어'가 중요합니다.
그리고 실제 집을 지어 생활하는 이웃에게 듣는
집 짓는 과정과 만족감, 아쉬운 점, 새로운 제안 등은
처음 집을 짓는 건축주에게는 무엇에도 비할 수 없는
보석같은 정보입니다.

꿈꾸던 집을 짓기 위해 다양한 시도를 하고,
마침내 꿈을 이룬 50 가족의
행복한 집짓기 경험을 소개합니다.
그들의 생생한 경험담과 조언, 아이디어를 통해
시간과 노력, 예산 등의 시행착오를 줄이고
행복한 집짓기에 도전해 보세요.

나카지마 씨 주택(설계 : 하기노지카 건축설계 사무소)

Contents

북유럽 + 내추럴 모던 하우스

요즘 센스 있는 사람들이 즐겨하는 인테리어 스타일이 '북유럽'과 '내추럴 모던'이다.
나무의 소재감을 살린 내추럴 취향에 고품격 디자인 가구, 조명과 설비.
고급스럽고 단정한 인테리어 스타일로 지은 세 집을 소개한다.

file.1
Scandinavian style

M씨 지바현

부부와 3살 아들. 본가와는 걸을
수 있는 거리로 좋은 관계를 유지
하며 산다.

심플하고 흰 상자 같은 집에 우아한 북유럽 소품으로 컬러를 더하다

M씨 아내는 북유럽 인테리어에 매료되어 덴마크와 노르웨이로 두 번 여행을 다녀왔다고 한다.
"처음에는 친구와, 두 번째는 신혼여행으로 다녀왔어요. 가게를 구경하며 마음에 드는 소품
들을 찾아다녔죠. 즐거운 추억이에요."
　　그래서 집을 지으면 꼭 북유럽 인테리어와 어울리는 집을 지으리라 생각했다고 한다.

초록이 가득한 땅과 이상적인 건축가를 만나다

"임대주택에 살면서 아이 키우기 좋은 환경의 집을 지으려고 생각했어요. 지역도 처음부터
시댁과 친정이 가까운 시내를 원해서 땅을 찾았어요."
　　운 좋게도 학교와 인접하고 입지 조건 좋은 땅에 꿈꾸던 '흰색 베이스에 원목재를 사용한
네모난 집'을 짓게 되었다. 북유럽 인테리어의 섬세한 표정이 빛을 발하도록 건물은 최대한

벽면은 나라재 마루와 흰색 페인트로 마감. 흰 벽면에는 건축가가 디자인한 장식 선반이 포인트로.

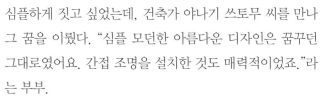

1 거실 북쪽의 보이드와 로프트. 로프트는 손이 닿는 높이여서 LD가 하나의 공간처럼 느껴진다. 2 거실과 다이닝룸을 자연스럽게 구분해 주는 카운터. 상판은 남은 바닥재를 활용. 3 로프트에 책장을 짜 넣어 독서 공간으로. 4 로프트에서 내려다본 LD. 중정 쪽의 큰 창을 통해 빛이 가득 들어온다.

심플하게 짓고 싶었는데, 건축가 야나기 쓰토무 씨를 만나 그 꿈을 이뤘다. "심플 모던한 아름다운 디자인은 꿈꾸던 그대로였어요. 간접 조명을 설치한 것도 매력적이었죠."라는 부부.

건축가의 스타일에 매료되어 설계를 의뢰했기에 실내디자인까지도 건축가에게 대부분 일임. 가족은 대만족이라고 한다. 실내에는 북유럽 앤티크가 조용히 존재감을 드러내고, 큰 창으로 초록이 가득한 풍경이 펼쳐지는 집이 완성되었다.

1 장식 선반에는 타이완과 한국 여행에서 사온 다기를 두었다. 2 주방은 아내의 전 직장인 '쓰나시마 하우스웨어'에 주문. 벽면에 오픈 선반을 두어 조미료 등을 수납할 수 있다. 3 세면실에도 수납공간을 넉넉히 확보. 4 세면대와 변기 등 모두 흰색으로 통일하고 화장지는 니치(niche, 벽면을 오목하게 파서 만든 공간)에 수납. 5 세면대는 도기 볼과 모자이크 타일로 심플하면서도 호텔처럼 깔끔하게 만들었다. 바닥은 현관과 같은 타일.

침대 옆의 문 뒤에 세탁물 건조 공간을 두어 옷장과 이어지도록 동선을 고려하였다.

대면형 주방과 이어지는 다이닝룸

거실과 다이닝룸을 한눈에 볼 수 있
는 이상적인 주방. 사각형으로 잘라
낸 벽의 라인도 깔끔하다.

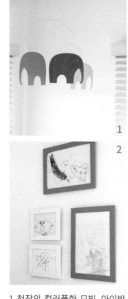

1 천장의 컬러풀한 모빌. 아이방에 사랑스러운 포인트를 더해준다. 2 아이의 작품을 벽면에 디스플레이. 3 아이방은 데크를 사이에 두고 LD 맞은편에 배치. 허리 높이의 창을 만들고 창 아래에 장난감 수납장을 두었다. 4 현관홀과 LD 사이는 스킵 플로어로 구분. 반대편 프라이빗 룸 쪽에도 단차를 만들었다. 5 스킵 플로어의 단차와 토대의 깊이를 효과적으로 활용. 바닥의 일부를 들어 올리면 2평 정도의 수납공간이 나타난다. 6 중정의 데크는 현관과 연결. 바닥에는 타일을 깔아 신발을 벗고 다닐 수 있도록 설계.

세심한 설계로 생활이 편리

예쁜 디자인과 더불어 편하게 집안일을 할 수 있는 동선 계획도 포인트.

"주방 뒷문을 통해 쉽게 밖으로 나갈 수 있고, 침실과 이어진 건조용 뒷마당이 있어서 빨래를 옮기는 수고를 덜 수 있어요. 집은 생활하는 곳이므로 외관 뿐만 아니라 생활의 편리함도 중요하죠."

유일하게 건축가에게 구체적으로 요구한 것은 LD 전체를 볼 수 있는 대면식 주방이라고 한다.

"아이가 노는 모습을 보면서 집안일을 하고 싶었어요. 거실은 물론이고 데크 건너편의 아이방도 볼 수 있어요."

로프트가 있는 개방적인 거실과 창문을 통해 외부와 이어지는 현관 홀 등 어느 공간에 있든 개방감이 느껴지는 것이 특징이다.

편안한 거실에서
좋아하는 북유럽 소품을 즐긴다

북유럽 가구가 거실을 차분한 분위기로 만들어준다.

DATA
가족 구성 : 부부 + 아이 1명
부지 면적 : 192.20㎡(58.14평)
건축 면적 : 85.52㎡(25.87평)
총바닥 면적 : 88.69㎡(26.83평) 1F 74.21㎡ +
로프트 14.48㎡
구조 및 공법 : 목조 2층 건물(재래 공법)
설계 : 브릭스. 건축사 사무소 www.bricks-net.com
시공 : 가시노키 건설

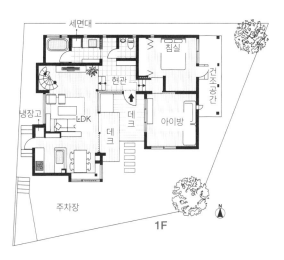

7 평평한 면을 강조한 모던한 외관. 툇마루풍의 데크와 접하도록 거실 창과 현관을 배치했다. 코너 창의 디자인도 집의 포인트. 8 뒷마당에서 초록이 풍성한 나무들을 즐길 수 있다. 경사진 정원에는 잔디를 심었다.

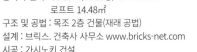

[설계 포인트] 야나기 쓰토무 씨 (브릭스 건축사 사무소)

중정과 현관을 중심으로 넓어 보이도록 공간을 설계
넓은 부지의 장점을 활용해 단층집에 로프트를 얹은 듯한 플랜을 계획했다. 동쪽에 2개의 개별 방을, 서쪽에 공용 공간을 배치했고, 개방적인 현관홀이 두 공간을 잇고 있다. 현관과 LD 주변의 문, 블라인드 박스 등은 모두 창호 공사로 제작. 기성품 창틀로 만들 수 없는 심플한 디자인이 완성되었다.

file.2
Scandinavian style

F씨 도쿄도

음악을 사랑하는 남편과 요리를
좋아하는 아내. 건축가 남편이 꿈
꾸던 집을 설계하였다.

1 싱크대와 컬러를 맞춰 월넛으로 제작한 수
납장. 상부장은 식료품 팬트리로 활용하고 있
다. 2 작업용 책상을 주방 가구와 맞춰 전체적
인 통일감을 주었다. 3 수납장에 쓰레기통 사
이즈에 맞춘 전용 칸을 설치. 쓰레기통이 밖으
로 드러나지 않아 깔끔하다. 4 주방 벽면에 빌
트인한 수납장. 내부에 콘센트를 설치해 전기
밥솥 등 주방 가전을 깔끔하게 수납할 수 있다.

대형 건축사무소에 근무하는 남편이 직접 설계한 집.

"정확하게는 기본 플랜을 담당했어요. 세밀한 설계와 시공
은 시공업체에, 플랜 서포트와 1층을 제외한 코디네이트는 인
테리어 숍에 의뢰했어요."

조금 독특한 방식으로 만든 F씨의 집 구조를 살펴보자.

적재적소 균형 잡힌 인테리어로 편안함을

회사에서 대규모 건축 설계를 담당하는 남편은 내 집을 직접
설계하고 싶었다고 한다. 하지만 업무가 많아 기본 플랜만 짜
고 나머지는 시공업체에 의뢰하기로 했다.

인테리어에 관심이 많은 아내는 "주방에 대한 로망이 많았
지만 주방만 강조하기보다 거실과 다이닝 공간이 자연스레 이
어지는 공간으로 디자인하고 싶었어요."라고 한다.

잡지에서 본 〈FILE〉의 주방이 마음에 들어 숍을 방문했고
주택 설계까지 가능하다는 것을 알고 상담하게 되었다. 특별
히 신경 쓴 주방은 아내가 전부터 좋아하던 월넛을 사용해 가
구를 맞추고, 싱크대 상판은 검정색 모자이크 타일로 모던하
게 마감했다. 주방의 이미지를 집안 전체로 연결해 통일감 있
는 인테리어를 완성하였다.

스타일리시한 주방을 기본으로 한 인테리어

100년 된 고벽돌로
표정이 풍부한 벽을 완성

100년 전 중국 상해의 건물에 쓰였던
벽돌로 벽면을 마감. 거실과 다이닝룸
을 느슨하게 구분하는 역할을 한다.

1 침실의 드레스룸은 미닫이문을 완전히 열면 정면 폭이 182cm. 평소에는 열어 둔다고 한다. 2 안마당과 접한 침실에는 밝고 상쾌한 바람이 들어온다. 예전부터 쓰던 월넛 프레임 침대. 3 세면실과 욕실. 유리로 칸막이를 하여 개방감을 준다.

고집하던 소재를 시간 들여 고르다

1층은 시아버지, 2층과 3층은 부부가 거주하는 F씨 집. 폭이 좁고 긴 건물의 중앙에 안마당을 만들고 2층 LD에 보이드를 설치하여 개방감을 주었다. 그리고 올리브 그린 컬러의 존재감 있는 조명 3개를 달아 포인트를 주었다. 가구와 바닥 마루 색과도 잘 어울린다.

고벽돌로 마감한 중앙 벽면도 이 집의 자랑거리다. "구조상 벽이 필요한데 벽돌 마감이 어떠냐고 시공업체에서 제안했어요. 조금 망설였지만 샘플을 직접 보니 괜찮을 것 같더군요." 결과는 대만족. 집들이 온 친구가 "이 집에서 살고 싶다!"고 말하는 것을 듣고 기뻤다는 부부.

4 좁은 화장실은 폭이 좁은 미니 세면대를 선택해 넓어 보이도록 연출했다. 5 1층과 2층 사이의 계단. 매일 만지는 난간이나 발판도 월넛으로 주문했다. 6 주방 가구와 같은 소재인 월넛 식탁과 빈티지 의자. 요리하면서 대화를 나눌 수 있는 것도 오픈 키친의 장점.

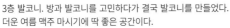

3층 발코니. 방과 발코니를 고민하다가 결국 발코니를 만들었다.
더운 여름 맥주 마시기에 딱 좋은 공간이다.

1 동남쪽에서 본 외관. 1층부터 3층까지 이어
지는 슬릿창이 포인트이다. 2 그레이와 흰색
바둑판 무늬 타일로 마감한 세련된 포치. 현
관문은 〈토스템〉의 기성품으로, 단열성이 높
다. 3 2세대가 사용하므로 현관을 넉넉하게
만들고 신발장도 크게 확보. 4 2층과 3층에서
내려다보이는 안마당 덕분에 구석구석 환하
고 통풍도 원활하다. 기초단계부터 안마당을
계획하였다. 5 3층의 통로 공간은 '남편의 서
재'. 옛날 재즈 레코드 자켓은 인테리어 요소
로. 6 게스트룸은 앞으로 태어날 아이방으로
쓸 예정이다.

DATA
가족 구성 : 부부 + 아버지
대지 면적 : 117.95㎡ (35.68평)
건축 면적 : 64.17㎡ (19.41평)
연면적 : 149.86㎡ (45.33평)
　　　　　 1F 63.34㎡ + 2F 64.17㎡ + 3F 22.35㎡
구조 공법 : 목조 3층 건물(축조 공법)
설계·시공 : 소켄샤(創建舍, www.soukensya.jp)
주방·수납가구 내장 코디 : FILE (www.file-g.com)

【설계 포인트】 이시카와 게이코(FILE 코디네이터)

부부의 이미지에 맞춰 제안
주택 설계 단계부터 제안하는 방식과 주택의 평
면 어드바이스, 내장 코디네이트, 수납 계획을 제
안하는 '서포트' 방식이 있는데, F씨의 집은 서포
트 시스템으로 참여했다.
폭이 좁고 긴 건물이라 곳곳에 구조상 꼭 필요한
기둥과 벽이 있어 그 구조를 살린 디자인에 무리
없는 수납과 주방을 제안했다.

4 5

6

옛 가구도 새 공간에 잘 어우러지도록

안마당과 접한 조용하고 안락한
거실. 기존 가구와 조명, 미술품이
모두 조화롭게 배치되어 있다.

학창시절에 같은 밴드에서 활동한 Y씨 부부. 첫째는 베이스, 둘째는 피아노를 하는 음악 가족이다.

지하 음악 스튜디오. 음향 전문가가 설계해 음향 효과가 뛰어난 방음실이다.

"이 집의 시작은 월넛재 바닥이었어요"라는 Y씨. 마음에 꼭 드는 원목 바닥재를 찾지 못하던 차에 설계·시공을 맡아준 후쿠다 공무점의 사장 자택에서 마음에 드는 월넛재 바닥을 발견했다.

'질감도 이미지도 원하던 그대로'라서 내부 주요 마감재로 결정. 월넛으로 벽과 창호, 주방에서 가구까지 통일감 있는 편안한 집을 지을 수 있었다.

생활의 편리함은 충분히 고려하되, 생활감은 완전히 감추다

Y씨는 자연스럽고 편안하지만 생활 속에서 적당한 긴장감을 유지하는 것을 중시한다. 가사 동선과 수납을 면밀히 검토해 '집안일을 효율적으로 할 수 있고 청소하기 쉬워 깔끔하게 유지할 수 있는 집'을 짓고 싶었다고. 그는 주방 안쪽의 가사실과 2층 홀에 만든 유틸리티, 두 아이방 사이에 만든 공용 드레스룸 등 독창적인 아이디어를 구현하였다. 덕분에 생활이 더욱 편해졌다.

또한 '가족과의 관계'를 중요 포인트로 삼아 거실과 DK는 스킵 플로어로 적당히 분리하면서도 이어지는 공간으로. 거실의 커다란 보이드를 통해 1층과 2층도 이어진다. 다이닝룸에 둔 컴퓨터용 테이블은 아이들이 숙제 책상으로도 쓴다.

Y씨 집의 자랑 중 하나는 지하 스튜디오. 전문가가 음향 설계한 본격적인 스튜디오로, 부부의 밴드 연습은 물론이고 가족 연주를 즐기기도 한다.

1 다이닝룸은 '세븐 체어'와 '알링코 체어'를 믹스하고 컬러로 포인트를 주었다. 2 외부의 우드데크로 열린 시야와 천장의 간접조명으로 공간이 더욱 넓어 보인다. 월넛재 벽면 왼쪽 끝은 지하실 문과 일체화하여 연결했다.

집과 생활을 관통하는 키워드는
'깔끔한 느낌의 내추럴'

거실과 DK에 단차를 두어 공간에 변화를 주고
위치에 따라 경치가 달라지는 것도 즐길 수 있
다. "식사와 휴식이 분리되는 것도 좋아요."

외부 자연을 충분히 느낄 수 있고
가족끼리 이어지는 집

TV 위치와 외부로부터의 시선을 고려해
창을 배치. 거실의 바닥재는 울 50%가
섞인 촉감 좋은 사이잘 마.

1 계단 층계참에 사이잘 마를 깔고 좋아하는 그림으로 장식해 잠깐의 독서 공간으로. 2 모던한 분위기로 꾸민 방. 3 2층 홀에 카운터를 설치해 건조공간을 겸하는 가사실로. 오른쪽 세탁실과 동선이 이어지고 LDK에서는 빨래가 보이지 않도록 배치했다. 다 마른 옷은 카운터에서 갠다.

보이드를 통해 2개의 유틸리티와 이어지는 거실. 우드 데크에는 벤치를 만들어 야외 거실로 활용하고 있다.

4 침실은 콤팩트하게 만들고 드레스룸을 넓게. 5 아이방과 연결된 로프트를 놀이방으로 활용한다. 6 아이방의 바닥재는 따뜻한 느낌의 소나무 원목. 로프트로 이어지는 높은 천장 덕분에 개방감도 충분하다.

눈 닿는 곳마다
좋아하는 물건이 있어
집에서 보내는 휴일이 즐겁다

'가구처럼 보이면서 기능적인 주방'을 원해 〈H&H Japan〉에 주문. 대면형이라 가족이 함께할 수 있다는 것도 매력.

충분한 시간을 들여 만족스러운 집으로 완성

주방 수전과 욕실 타일 등 디테일까지 일일이 신경 쓴 Y씨. "저도 모르게 좋아하는 것만 보면 덤벼들곤 해서 전체적으로 산만해질뻔 했는데, 설계 담당자가 잘 정리해 주었어요."

새로운 것을 추구하는 Y씨에게 '공간은 심플하게 만들고, 가구로 변화를 주는 것이 좋다.'는 조언도 했다고 한다.

Y씨는 설계 담당자와 서로 이해될 때까지 미팅을 거듭했고 집짓는 일 이외에도 많은 이야기를 나누었다고 한다. "현장 감독과 목수, 직공들의 인품도 훌륭했어요." Y씨는 만든 이들의 정성이 가득 담긴 집이므로 소중히 여기며 오랫동안 살고 싶다고 한다.

[설계 포인트] 아타라시 기미코 씨(ATELIER NEWS 건축가)

가족의 상황을 이해하고 장면을 이미지화하여 설계
감각적인 가구와 소품이 많아서 그것을 활용할 수 있도록 베이스가 되는 소재를 심사숙고했고, 조명으로 분위기를 연출했다. 설계할 때 '어떻게 살고 싶은가'를 상상하는데, 이를 위해 가족의 상황에 대한 이해가 중요하다. Y씨와 집 이외에도 다양한 이야기를 나누며 가치관을 공유한 것이 큰 도움이 되었다.

1 주방 안쪽에 만든 팬트리를 겸한 가사실. 블라인드를 달아 다이닝룸에서 안 보인다. 2 다이닝룸에 설치한 업무용 테이블. 식사할 때도 하던 작업을 그대로 둘 수 있어 편리하다.

3 세탁실을 따로 만들어 호텔 같은 세면실로. 수납형 카운터에 검정색 상판이 모던 포인트. 4 관리가 편한 시스템 욕실을 설치하고, 세면실과 같은 타일을 사용했다.

경사가 있는 부지를 활용한 입체적인 외관. "외관의 컬러를 고민하며 여러 장의 투시도(perspective drawing)를 받았어요."

DATA
가족 구성 : 부부 + 자녀 2명
대지 면적 : 215.74㎡(65.26평)
건축 면적 : 84.67㎡(25.61평)
연면적 : 194.47㎡(58.83평)
    B1F 21.74㎡ + 1F 84.67㎡ + 2F 70.88㎡ + 로프트 17.18㎡
구조 공법 : SE구법
설계·시공 : 후쿠다 공무점 FUKUDA BUILD & DESIGN
    www.fukuda-koumuten.co.jp

우리 가족의 애착 물건
가구와 설비

분위기에서 디테일까지, 집을 지을 때 공들여 고른 세 가족의 조명과 가구, 설비기기.

file.1 M씨 집
꿈꾸던 '루이스 폴센'의 'PH5'을 선택. 조명의 아름다운 실루엣을 살리기 위해 천장 높이를 여유 있게 설계했다.

file.2 F씨 집
보이드 공간을 더욱 매력적으로 연출. 〈FILE〉의 오리지널 디자인 전등갓. 수백 가지 컬러 샘플 중에서 깊이 있는 올리브 그린 색을 골랐다.

조명
Light

file.3 Y씨 집
다이닝룸에 포인트를 주기 위해 〈엔도 조명〉에서 이탈리아제 기포 유리 펜던트를 구입.

file.1 M씨 집
작은 공간에서도 쓰기 편한 〈unico〉의 테이블에 아르네 야콥센의 〈세븐 체어〉를 조합. 군더더기 없이 심플하다.

file.2 F씨 집
모던하지만 정겨움이 있는 원목 월넛 테이블에 빈티지 의자(예로 사리넨(Eero Saarinen) 디자인)를 세트로.

식탁과 의자
Dining table & Chair

file.3 Y씨 집
샤프한 형태에 쉽게 확장 가능한 테이블은 〈H&H Japan〉에서 주문. 〈세븐 체어〉, 〈알링코 체어〉와 함께.

file.3 Y씨 집
가족 각자 좋아하는 디자인으로 선택한 의자. 왼쪽 2개는 〈가리모쿠〉 제품, 그 옆은 〈밸런스 체어〉, 맨 오른쪽은 〈트립 트랩〉 체어에 전용 쿠션을 장착했다.

소파와 테이블
Sofa & Table

file.1 M씨 집

온라인 옥션에서 구매한 덴마크의 앤티크. 원목과 대나무의 따뜻한 느낌과 섬세한 디테일의 모던한 디자인이 북유럽 느낌을 준다.

file.1 M씨 집

심플 모던한 소파는 어느 가구와도 잘 어울려 배치하기 쉽다. 〈액터스〉에서 구매.

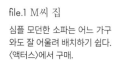

file.1 M씨 집

부드러운 느낌의 1인용 의자와 오토만은 덴마크의 앤티크. 첫눈에 반해 구매한 후 천갈이만 했다.

file.2 F씨 집

미드센추리풍을 현대식으로 재해석한 〈카프(Karf)〉의 오리지널 소파. 월넛 프레임으로 어떤 인테리어와도 잘 어울린다.

설비
Facilities

file.2 F씨 집

독일 인기 디자인 회사 〈지거 디자인(Sieger Design)〉으로 세라 트레이딩이 제작한 세면대. 바닥이 둥글어서 쓰기 편하고 디자인 만으로 존재감이 느껴진다.

file.2 F씨 집

검정 모자이크 타일에 맞춰 싱크대는 아이스그레이라는 개성있는 색으로. 싱크볼은 〈콜러(KOHLER)〉, 타일은 〈나고야 모자이크〉 제품.

file.1 M씨 집

새하얀 도기와 흰색 타일로 맞춘 깨끗한 세면대. 세면볼은 필립 스탁(Philippe Starck)의 디자인으로 〈세라 트레이딩〉에서 구매.

file.2 F씨 집

〈밀레〉의 식기세척기. 스테인리스 도어가 모던한 주방에 잘 어울린다.

file.3 Y씨 집

활용도 높은 보조 싱크대는 디자인만으로도 포인트가 된다. 수전금구는 모양과 조작감을 고려해 〈그로헤(Grohe)〉 제품을.

file.3 Y씨 집

〈산와컴퍼니〉에서 구입한 이탈리아제 세면대는 고급스러워 선택. 시크하고 깊이 있는 보더 타일은 〈나고야 모자이크〉에서 구매.

file.3 Y씨 집

〈피에스공업〉의 온수식 벽걸이용 타월 워머는 수건 건조는 물론이고 좁은 공간을 안전하게 난방하는 효과가 있다. 컬러도 예뻐 인테리어 포인트가 된다.

대만족 포인트와 살고 싶은 집짓기 노하우

'집짓기를 정말 잘했다'며 만족하는 가족을 찾아가 그들의 생활 방식과 특별히 신경 쓴 부분에 대해 들어보았다.
'이렇게 하길 정말 잘했다!'고 말하는 부분은 무엇일까? 여섯 가족의 생생한 이야기를 통해 '살고 싶은 집짓기'의 노하우와
아이디어를 배워 보자.

It's Good

정원의 녹음을 볼 수 있도록
현관을 유리 통창으로.

1F LD
넓은 곳에서 여유롭게 아이를 키우
고 싶어 이주를 결정한 혼다 씨. 자
연 소재로 마감한 집에는 가족의 웃
음소리가 가득하다.

1F 다이닝룸
이 집의 LDK. 반옥외 공간
인 것이 특징. 유리문을 통
해 정원에서 노는 아이들
을 볼 수 있어 안심이라고
한다. 콩 모양의 테이블은
혼다 씨 아버지의 작품.

It's Good

겨울에 따뜻하고 여름에 시원한
토방은 청소하기도 쉽고 장점이 많다.

It's Good

바닥을 한 단 높여 심플하게 만든
방은 모임을 하기에도, 낮잠을 자
기에도 최적.

1F 방
최소한의 가구로 깔끔하게 정리한 방. 손님이
묵을 때는 장지문을 닫아 방으로 쓰고, 친구들
이 모이는 날이면 활짝 열어 넓게 쓴다.

It's Good

오븐이 달린 장작 난로
하나로 온 집안이 후끈
후끈. 토방이라 재가 널
어져도 괜찮다.

It's Good

계단은 갤러리 겸 벤치로. 계단
하나를 조금 높게 만들어 벤치
로 활용하고 있다.

1F 주방
산벚나무 재질의 아일랜드 카운터는 부부가 좋아하는 콩 모양. 모조지에 실물 크기의 본을 그려 주문 제작하였다.

CASE **1**

대자연 속 작은 집
작아서 눈길도 손길도
두루 미치니 대만족!

혼다 씨 가족(야마나시현)
도쿄와 야마나시를 오가며 카메라맨으로 일하는 남편과 7살 3살 남매를 키우는 아내. 4인 가족이지만 봄이 오면 다섯 식구로 늘어날 예정이다.

> **It's Good**
>
> 사용하기 편리하도록 2개의 싱크대 설치. 남편과 함께 요리하니 효율도 UP!

★ 대만족 포인트! ★

1 1층의 절반 이상을 반옥외 공간인 토방으로 만들어 '흙과 가까운 생활'을 실현.

2 계단과 한 단 높인 바닥 등 각자가 좋아하는 자리가 있다.

3 아이의 성장과 생활의 변화에 자유롭게 대응할 수 있도록 심플하게 만들었다.

식기의 수와 크기에 맞춰 선반의 폭과 높이까지 고려하여 제작한 그릇장. 문의 스테인드글라스는 부인이 직접 만들었다.

1F 주방
친구를 자주 초대한다는 혼다 씨는 "주방은 작업대와 통로 모두 넓게 만들어서 여럿이 모여도 여유가 있어요. 오픈 주방이라 아내와 도와가며 요리를 하죠." 싱크대가 2개라서 요리를 좋아하는 남편도 솜씨를 발휘한다.

It's Good

구조재를 활용해 아이들이 좋아하는 해먹을 설치.

It's Good

나무 벽과 큰 창으로 녹음이 어우러져 매일 온천에 온 기분.

It's Good

현관이 있어야 할 곳에 녹음을 즐기며 쉴 수 있는 소파 코너를 만들어 거주공간을 늘렸다.

1F 소파 코너

1평 정도의 소파 코너는 온 가족의 쉼터. "바쁜 집안일에도 소파에 앉아 창으로 나무와 하늘을 보면 정말 힐링돼요."

1F 세면실

나무의 감촉이 부드러운 세면대는 조금 높게 제작해 하부를 수납공간으로. 아이들의 흙 묻은 옷을 애벌빨래할 수 있도록 큼직한 세면볼을 설치했다.

1F 화장실

2개의 화장실을 설치. 토방에서 이어지는 화장실은 신을 신고 들어갈 수 있도록 설계해서 편리하다.

1F 욕실

욕실 벽은 건축가의 추천으로 화백나무 목재를 사용. 온화한 느낌으로 거실 분위기와도 이어진다. 창이 커서 환기가 잘 되므로 곰팡이나 검은 때도 걱정 없다. 욕조는 〈TOTO〉 제품.

It's Good

장작 보일러를 설치하여 광열비가 절감된다.

It's Good

2개의 화장실 중 하나는 신을 신고, 또 하나는 맨발로 이용할 수 있어 바쁜 아침을 쾌적하게 만든다.

자연에서 아이를 키우고 싶어 도쿄에서 자연이 풍부한 야마나시 현 호쿠토 시로 이주한 혼다 씨. 자연 소재의 집을 잘 짓는 건축사무소인 아틀리에 데프를 소개받아 설계를 의뢰하였다.

"첫 만남에서 '어떤 집을 짓고 싶은가?'가 아니라 '아이들을 어떤 식으로 키우고 싶은가?'를 묻더군요. 눈이 번쩍 떠지는 기분이었어요. 디자인뿐 아니라 생활과 미래에 대해서도 차분히 생각하게 되었죠."

자연과 어울리며 아이가 밖으로 나가 바로 뛰어놀 수 있는 '흙과 가까운 집'을 희망하며 작은 단층집을 완성하였다. 통창 유리문을 열면 바로 흙바닥으로 된 LDK. 별도의 현관 없이 가족과 아이의 친구, 손님도 토방과 다다미방으로 이어지는 데크를 통해 출입한다.

"흙바닥이니 흙 묻은 채소를 둬도 되고, 아이들이 새까매져서 돌아와도 화가 나지 않아요(웃음). 또한 토방은 축열성이 높아 장작 난로 하나로 겨울에도 반팔로 지낼 수 있을 정도예요. 장점이 너무 많아요."

혼다 씨 집은 건평이 20평 남짓이지만 모든 공간이 트여있어 넓게 느껴진다. 가족들은 계단에 앉아 책을 읽거나 데크에서 마당을 바라보는 등 각자 좋아하는 곳에서 각자의 시간을 보낸다. "아이가 크면 방을 만들어 줄 예정이지만 당분간은 함께 생활하고 싶어요."

It's Good
굴뚝이 있는 작은 단층집.
그림책에서 빠져나온 듯한
귀여운 외관도 대만족!

"아빠표 그네를 신나게 타는 큰 아이는 약
3km 떨어진 학교를 스쿨버스로 통학하는데,
내년부터는 걸어서 통학시키려고요. 씩씩해
진 아이를 보면 이사하길 잘했다 싶어요."

신선한 공기와 파란 하늘
아이들이 무럭무럭 자라는 자연 환경이
최고의 사치

빨래 건조대는 마당의 나뭇가지를 이용
해 남편이 만든 것. 생활도구도 가능하
면 자연 소재로.

1F 데크
따뜻한 휴일이면 데크에서 시
간을 보낸다. 볕이 좋아서 건조
장, 놀이터, 제2의 거실, 출입
문 등 다용도로 활용.

It's Good
방과 이어지는 툇마루 같은
데크는 활용도가 무궁무진.

현관 통창에 아이들의 귀여운 작품이 가
득하다. 실내에도 그림과 공작물이 가득.

온 가족이 함께 요리하고 싶어서 주방은 널찍하게. 중앙에 아일랜드 카운터를 놓
고 요리를 즐긴다. 2개의 싱크대로 설거지와 조리를 동시에 할 수 있다. 또한 신
을 신고 이용하는 화장실을 따로 설치한 것도 일반적인 것은 아니지만 혼다 씨 가
족에게는 꼭 필요한 것이다. 이는 가족의 특성에 맞는 공간을 만들기 위해 고민한
끝에 나온 설계였다.

"집에서 지내는 시간이 길어 편안함과 편리함에 가장 중점을 두었어요. 시골이
라 쇼핑이 어렵지만 직접 만들어 쓰면서 또 다른 즐거움을 느껴요. 아이들에겐 물
건보다 풍요로운 자연을 남겨주고 싶어요."

설계 포인트

이토 나쓰코 씨 (아틀리에 데프)

'큰 집은 필요 없다. 흙과 가까운 생활
을 하고 싶다'는 건축주의 희망을 토대
로 작은 단층집을 제안.
협의를 거듭하며 현관을 없애고 1층
의 절반을 토방으로 만드는 대담한 플
랜 완성. 한 단 높인 바닥과 계단의 단
차, 토방과 다다미 등 소재의 차이를
이용해 느슨하게 공간을 구분하여 함
께 있으면서도 프라이빗한 느낌을 얻
을 수 있도록 하였다.
부부가 집의 세부사항까지 명확한 이
미지를 갖고 있어서 균형 있게 실현할
수 있는 방법을 고민했다.

로프트 한쪽은 남편의 업무 공간. 책상은 어릴 적부터 쓰던 애용품으로, 오래된 멋을 좋아한다.

LOFT

약 7.5평 정도 되는 로프트. 천장이 가장 낮은 곳에 침대를 두었고, 남편의 업무 공간, 놀이방 등 다용도로 쓰고 있다. 창고 역할까지 ok!

It's Good

널찍한 로프트 덕분에 수납과 생활공간에 여유가 생겼다.

로프트

보이드

DN

LOFT

트렌치

냉

세면실 욕실

소파 코너 LDK

UP 방 방

데크

1F

장작 창고

DATA

가족 구성 : 부부 + 자녀 2명
부지 면적 : 599.70㎡(181.41평)
건축 면적 : 65.36㎡(19.77평)
연면적 : 83.63㎡(25.30평)
　　　　1F 57.96㎡ + 로프트 25.67㎡
구조 및 공법 : 목조 단층(축조 공법)
설계·시공 : 아틀리에 데프 http://a-def.com

주요 사양

바닥 **1층** 주방과 욕실·세면실
　　2층 삼나무재 플로어링(밀납 왁스
　　처리), **1층 방]** 저농약 다다미
　　포치, 토방 모르타르
벽 **1층, 2층** : 회칠
급탕 '이소라이트 주기' 장작 보일러
주방 본체 주문(산벚나무 목재),
　　가스레인지 〈노리츠+do〉
　　오븐 〈노리츠〉 고속 오븐 48리터
　　레인지후드 〈와타나베 제작소〉 얇
　　은 타입 후드, **수전금구** 〈TOTO〉
　　터치스위치 수전
욕조 〈TOTO〉 하프배스 08타입 8
　　벽 : 화백나무 목재
세면대 **카운터** : 주문(편백나무 목재)
　　싱크볼 〈TOTO〉 SK7,
　　수전금구 〈가쿠다이〉 184-013K
화장실 〈TOTO〉 퓨어레스트 QR
지붕 갈바륨 강판
외벽 〈타카치호 시라스 외벽〉 낙엽송판 우드
　　롱에코 도장
단열방법·단열재 내단열·써모울
　　　　　　　(thermo-wool)

햇살과 경치가 집안 가득 쏟아지는 드림 하우스

나고시 씨 집(도쿄도)

부부와 3살 아들의 3인 가족. 내장과 인테리어의 테마는 내추럴하고 최대한 뉴트 럴하게. 30년 뒤에도 소재나 디자인이 싫증나지 않는데 주안점을 두었다.

> **It's Good**
>
> LDK와 연결되는 현관홀에 개방감 넘치는 보이드를 설계.

> **It's Good**
>
> 데크를 두어 공원의 풍경을 즐긴다. 다이닝룸에서 도 초록이 보여 좋다.

공원 쪽 부지가 낮아 서 외부 간섭 없이 경 치를 즐길 수 있다.

★ 대만족 포인트! ★

1 바깥 공간을 최대한 활용해 녹음 을 즐길 수 있는 평면

2 현관을 들어서면 바로 펼쳐지는 큰 보이드

3 집안일 하기 편한 주방~세면실의 레이아웃

1F 현관 & LDK
현관문을 열면 위로 다이나믹한 보이드가 보여 LDK에서 개방감을 맛볼 수 있다.

> **만족도 100%!**
>
> 아늑하면서도 고립감이 없는 홈오피스

1F 홈오피스
거실과 DK 사이에 반오픈 형의 홈오피스를. "적당히 좁은 공간이 편안하면서도 집중력을 높여요."

1F 거실
현관의 정면에 해당하는 거실. 공원 쪽에서 충분한 빛이 들어오므로 옆집 방 향의 창문은 작게. 벽면이 넓어 안정감이 느껴진다.

It's Good

다이닝룸을 겸하는 오픈 키친
은 고립감이 없고 손님 접대에
도 안성맞춤!

1F DK
아일랜드 싱크대와 테이블을 연결
한 레이아웃. "집안일을 하면서 가
족이나 손님과 소통할 수 있다는
게 매력이에요."

'나무 많은 정원이 있는 집에서 살고 싶었다!'는 나고시 씨는 남쪽으로 공원
이 이어지고 도로에서 깊숙이 들어간 깃대부지*의 땅을 만나게 되었다. "공
원을 정원 삼아, 깃대에 해당하는 부분은 초목이 무성한 진입로로 만들면 좋
겠다는 생각이 들어 즉시 땅을 샀어요."

건축은 내추럴한 분위기로 정평이 난 설계 사무소 〈플랜 박스〉에 의뢰.
부지의 장점과 부부의 요구를 배려한 설계와 디자인, 마감재 등도 제안해 줘
서 크게 만족했다고 한다.

"밝고 개방적인 공간을 원했어요. 공원의 경치를 집에서도 즐길 수 있도
록 LDK와 현관을 일체형으로 만들고, 그 위에 보이드를 설치하는 설계를
제안해 주더군요. 처음에는 현관에서 집 안이 한눈에 보여 괜찮을까 걱정했
지만 도로에서 멀기 때문에 걱정 없이 여유를 즐기고 있어요."

1F 주방
아일랜드 카운터는 경질 소재인 모
르타르로 마감. 가스레인지 주변에
는 영국 빈티지 타일로 포인트를 주
었다.
↓ 오픈 선반은 수납과 장식에도
OK!

*깃대부지 : 골목의 막다른 곳에 위치한 깃대 모양의 길쭉한 부지.

1층과 2층이 트인 구조여서 방마다 냉난방을 하지 않고 전관(全館) 공조기를 설치. "기온 차가 없어 쾌적해요."

It's Good

주방과 욕실을 일직선으로 배치해 가사와 육아에 큰 도움!

미닫이를 열어 두면 빨래감 이동에 편하다.

1F 현관
동쪽과 남쪽을 향한 하이사이드 라이트에서 밝은 빛이 가득. 신발장은 계단 밑 공간을 활용하였다.

1F 세면실
세면대와 수납공간을 제작해 디자인과 편리함을 추구. 미닫이문의 스테인드 글라스가 포인트.

1F 화장실
화장실은 세면실 안쪽에. LDK와 떨어져 있어 편하게 사용할 수 있고, 미닫이문으로 공간 활용을 높였다.

워킹맘이
집안일하기 편리한 설계를

맞벌이를 하는 나고시 씨 가족은 육아와 집안일을 효율적으로 할 수 있는 주방과 욕실의 디자인을 가장 고민했다.

"이전에 살던 아파트는 주방이 벽면형이어서 가족을 등지고 요리를 했어요. 새 집에서는 아일랜드 카운터에 싱크대를 설치해서 설거지하며 아이가 노는 모습을 볼 수 있어 좋아요."

주방 다음으로 자주 사용하는 곳은 세면실. 빨래를 하거나 아직 어린 아이의 세수와 목욕을 돕는 등 사용 빈도가 높다. 그래서 세면실과 주방이 바로 연결되도록 설계.

"물 쓰는 작업을 거의 한 곳에서 끝낼 수 있어 가장 좋아요. 어른들도 세면실이 가까우면 쾌적해요."

설계 포인트

고야마 가즈코, 와쿠이 다쓰오(플랜박스 건축사 사무소)

나무 사이를 누비듯 작은 진입로를 지나 현관문을 열면 널찍한 보이드 공간이 펼쳐지는 콘트라스트의 다이내믹함을 노렸다.

널찍한 LDK 한쪽에 아늑한 홈오피스를 만들어 공간의 변화를 만든 것도 삶의 '스토리'를 만들어가기 위함이다. '방의 집합체'가 아니라 '이야기의 흐름'에 따라 설계하면 공간이 풍요로워지고 생활은 편리해진다.

It's Good

보이드를 통해 1층과 연결되며
미래를 위한 가변성도 충분.

2F 아이방
보이드와의 사이에 완전 개방할 수 있는
4장짜리 미닫이문을 설치. 열면 보이드를
통해 LDK와 연결된다. 가족이 늘면 중앙
에 칸막이를 해 2개의 방으로 만들 예정.

2F 침실
왼편의 바닥창 발코니와 이어
지는데, 동향이라 아침 햇살에
상쾌하게 눈뜰 수 있다. 정면
창으로는 공원이 보인다.

↑ 마당 조경은 〈브로칸트(BROCANTE)〉에
의뢰. "허브와 열매가 자라는 자연스러운
정원이 꿈이었는데 상상하던 대로 완성되
었어요."
↖ 공원 쪽에서 본 집의 외관. 남쪽이 개방
되어 있어 깃대부지의 협소한 느낌이 전혀
없다.
← 거실 면적을 줄이고 현관 포치를 넓게 두
었다. 바닥 일부는 고벽돌로 포인트를.

2F 드레스룸
(Walk-in Closet)
가족 모두의 옷을 수납하는
드레스룸. 안길이가 깊고 2
평 정도의 넓이라 창고 역할
도 한다.

2F 세면 공간
화장실 맞은편 세면대는 블루 모자이크 타일
로. 간단한 외출 준비에 편리.

2F 화장실
2층 침실 옆 화장실. 밤에 1
층까지 내려갈 필요가 없
고, 아이방과도 가깝다.

It's Good

초록을 따라 집으로
들어가도록 설계된 진입로.

DATA

가족 구성 : 부부 + 자녀 1명
부지 면적 : 120.00㎡(36.30평)
건축 면적 : 60.44㎡(18.28평)
연면적 : 101.22㎡(30.62평)
　　　　 1F 53.92㎡ + 2F 47.30㎡
구조 및 공법 : 목조 2층 건물(축조 공법)
본체 공사비 : 약 2,400만 엔
3.3㎡ 단가 : 약 78만 엔
설계 : 플랜박스 1급건축사 사무소(고야마
　　　 가즈코, 와쿠이 다쓰오)
　　　 www.mmjp.or.jp/p-box
시공 : 가와바타 건설

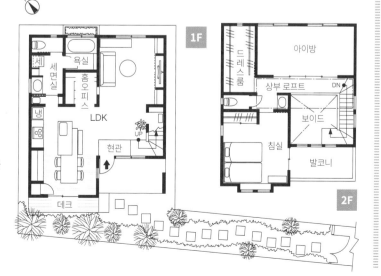

1F

2F

주요 사양

바닥 **1층, 2층** : 파인 원목 플로어링
현관 **콘크리트**
벽 **1층 거실, 계단, 2층 복도** : 규조토
　1층 세면실·화장실, 2층 거실, 화장실
　〈토리〉 벽지
급탕 〈노리츠〉 에코조즈
주방/본체 제작, 레인지후드 〈후지공업
　SERL-EC-901-SI〉, 수전금구
　〈JODEN AKF-001〉
욕실 〈LIXIL〉 키레이유 BF-SC6WBG-PU
세면실, 볼 **1층** 〈TOTO〉 L851,
　　 2층 〈산와컴퍼니〉 지오알
　수전금구
　1층 〈산와컴퍼니〉 베가
　2층 〈산와컴퍼니〉 리니아
화장실 〈TOTO〉 네오레스트
새시 〈LIXIL〉 방화문 FG-S 복층유리
현관문 스틸문(바깥쪽 적삼목 부착)
지붕 〈케이뮤〉 콜로니얼 펄그레이
외벽 〈아이카 공업〉 조리코트 JW1000
단열방법·재질 분사 충전·아쿠아폼

CASE 3

창고를 연상시키는
넓은 스튜디오에서
개방적이고 자유로운 생활을

나카쓰지 씨 집(시가현)
교토에서는 예산 문제로 집을 짓기 어려워 고향 시가현으로 귀향한 부부. 1살 된 딸과 함께 살고 있다.

It's Good

완전 개방할 수 있는 통창을 열면 외부와 연결되어 공간이 확장.

1F 다이닝 & 테라스
테라스 쪽으로 통창을 두어 바람과 빛이 가득 들어오도록 설계. "파티 때는 창을 열고 테라스까지 활용해 즐겨요."

전부터 쓰던 북유럽풍 가구가 빈티지한 멋을 더해 자칫 딱딱해질 수 있는 공간을 부드럽게 만든다.

It's Good

건축자재 사이트에서 발견한 멋진 스위치.

It's Good

가스관으로 만든 랙은 튼튼해 무거운 옷 수납도 편리.

1F 현관
넓은 토방에 선반과 랙을 자유롭게 배치해 신발과 옷을 수납. 공간이 넓어 DIY 등의 작업도 여유있게 할 수 있다.

현관문을 열면 널찍한 콘크리트 토방이 나타난다. 다이내믹한 공간에 모르타르를 칠한 주방과 철골 계단, 오래된 비계판 등 와일드한 소재를 사용해 가정집이라기보다 스튜디오처럼 보인다. 설계를 담당한 알츠 디자인 오피스의 건축가는 "이 집의 콘셉트는 '창고를 리노베이션한 느낌의 집'이에요."라고 말한다.

나카쓰지 씨는 러프한 분위기를 좋아해서 처음에는 구축을 리모델링하는 것을 고민했다고. 막상 철거과정에서 생각지 못한 난관이 생길 수도 있어 신축으로 방향을 바꿨다고 한다. 그리고 인터넷을 통해 현지에서 개성있는 집을 짓는 설계사무소를 발견하고, 상담 후 설계를 의뢰하였다.

★ 대만족 포인트! ★

1 고재와 모르타르 등 인더스트리얼풍의 개성있는 소재를 사용.

2 집 전체가 하나의 공간으로, 테라스를 향해 열린 개방적인 평면.

3 인테리어 부자재 등을 독특한 디자인으로 직접 제작.

1F DK

콘크리트 바닥, 오래된 비계판 천장, 흑
피철 계단 등 러프한 소재감과 오픈된
공간이 넓은 창고를 떠올리게 한다.

It's Good

여름에 시원하고 상쾌한 콘
크리트 바닥. 겨울에는 축열
효과도.

편리성보다
좋아하는 디자인을
즐기는 생활이 먼저

1F 주방
↑ 업소용 스테인리스 조리대에 가스레인지를
설치. 레인지후드도 심플한 것으로.
← 요리가 취미인 남편이 적극적으로 의견을
내서 2명이 설 수 있는 주방으로.

It's Good

싱크대와 조리대를 T자형으로 배치
했는데 예상보다 더욱 편리하다.

It's Good

싱크대 상판은 모르타르 마감을 해서
내열·내수·내구성을 높였다. 관리도
편리.

1F DK
흰 벽면 안쪽에 드레스룸(W·I·C)을 배치.
천장을 낮추고 위쪽 거실 바닥을 한 단 내림으로써
DK와 거실의 연결성이 높아졌다.

1F DK
벽을 합판으로 마감하고 같은 소재의 선반을 길게 설치하여 주방용품과 책 등 다양한 물건을 수납할 수 있다. 하단은 책상으로 사용할 수 있도록 높이와 폭을 맞췄다.

It's Good
1층 드레스룸은 외출 때 옷과 신발을 코디하기 쉽고 귀가해서 옷을 갈아입고 세면실로 가는 동선이 편리하다.

1F 드레스룸
현관에서 세면실로 이어지는 곳에 드레스 룸을 설치해 생활의 편리를 더했다.

It's Good
수전은 기능보다 디자인을 우선. 매일 쓸 때마다 만족스럽다.

1F 욕실
↑ 주문 제작한 카운터에 실험용 싱크볼을 설치. 넓은 세면대에 화장품을 두고 스툴을 쓰기 좋게 끝부분을 사선으로 재단했다.
→ 심플한 시스템 욕실을 선택. 창문 너머는 토방 공간이다.

거실 안쪽에 소파를 두어 독서와 음악을 즐길 수 있는 공간으로. 작은 창이 있어 아늑한 느낌이다.

"상담할 때 그동안 모아둔 잡지 20권 정도를 보여주며 좋아하는 이미지를 전달했어요. 좋아하는 소재나 생활 방식에 대해 이야기하고, 구체적인 요청은 일부러 하지 않았죠. 설계자의 자유로운 발상을 방해하고 싶지 않아서요."

이후 설계 사무소의 첫 안을 받고 감탄할 정도여서 거의 플랜대로 진행했다. 집은 전체가 원룸 같은 평면으로, 보이드로 된 계단 홀을 통해 1층과 2층도 연결되어 있다.

칸막이와 문을 최소화한 플랜은 "공간을 유연하게 사용할 수 있어 뭔가를 하고 싶어져요. 워크숍이나 작품전 같은 걸 열어 지역 주민과 함께하고 싶어요. 이 집에 살면서부터 그런 생각을 하게 되었어요."

편리함도 좋지만 만족스러운 디자인을 원한다는 나카쓰지 씨. 세면실의 수전도 샤워 헤드가 없는 복고 스타일을 선택하는 등 부품 하나하나까지 원하는 것들로 채웠다. 주방도 기성품이 아니라 필요한 기능을 넣어 주문 제작했다. 수납도 합판으로 만든 오픈 선반과 가스관으로 만든 행거 랙으로 해결하는 등 주인의 가치관을 확실하게 담은 집이라 "불편함이나 스트레스를 전혀 느끼지 않아요."라고 한다.

공간이 자유로워 '어떻게 사용할까?' 생각하는 즐거움이 가득

침실의 나무틀로 만든 실내창을 열면 거실 너머로 아이방까지 볼 수 있다. 아직 어린 자녀를 보살필 수 있고 환기에도 유용하다.

It's Good

고재로 마감한 벽면에 요철이 있어 밤이 되면 멋스런 그림자가 생긴다.

↑ 2층은 벽과 바닥에 고재를 많이 사용. 특히 벽은 크기와 두께가 다양한 고재를 목수가 한 장 한 장 공들여 붙인 작품이다.

← 침실문은 가압성형유리를 끼워 넣어 제작. 철제 손잡이는 나카쓰지 씨가 직접 찾은 것.

집의 정중앙이 보이드 계단홀이라 전체 환기도 원활하고 가족들의 인기척도 쉽게 전달된다. 난간은 철제 질감을 살린 흑피철로 제작.

침실 벽은 구조재의 테두리가 돌출되어 있어 소품을 장식하는 뜻밖의 재미가 생겼다.

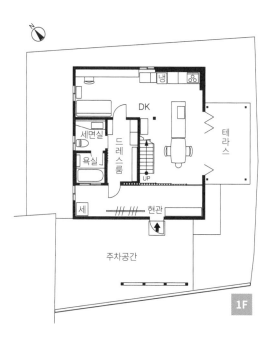

2F 침실

침실은 작고 천장도 낮게 만들어 숲속 오두막 같은 편안함을 준다.

It's Good

아이가 좋아하는 미니카를 장식해 잠자기 전의 즐거움으로.

2F 거실

→ 2층은 단차를 두고 공간을 나누었다. 모자이크 플로어링 바닥 덕분에 임팩트 있는 고재의 벽이 다소 차분해 보인다.
↓ 흰색 벽은 콘크리트 블록에 직접 페인트 칠하였다.

It's Good ▶

약간 낮은 거실은 다른 방들과 연결되어 있어 안정감이 느껴진다.

It's Good

투명 아크릴 판을 설치해 시선을 방해하지 않으면서 안전성은 확보했다.

↑ 외관의 창고 분위기를 살리기 위해 작은 창을 규칙적으로 배치하였다. 경질의 금속 소재감과 현관에 길게 낸 목재 처마가 잘 어울린다.
← 현관문은 목재의 소재감을 살려 제작. 길게 낸 처마는 비가 실내에 들어오는 것을 막는 역할도 한다.

It's Good ▶

개성 있지만 과하지 않은 모자이크 바닥.

설계 포인트

||||||||||||||||||||||||||||||||

마치 미즈모토 스미오 씨 (알츠 디자인 오피스)

예전부터 있던 창고를 정성스럽게 리노베이션한 느낌이 들도록 세세한 부분까지 정성 들여 설계했다.
외부와 내부를 자연스레 연결하고, 내부에는 화이트 큐브를 하나 만들어 그 안에 프라이버시에 필요한 기능을 전부 담았다.
전체적으로는 완만하게 이어지는 스킵 공간으로 만들어 공간의 기능을 제한하지 않는 평면으로 계획. 내구성을 살리고 친환경 소재로 디자인하여 오래도록 그 자리에 있었던 것 같은 깊은 멋을 만들어낼 수 있었다.

DATA

가족 구성 : 부부 + 자녀 1명
부지 면적 : 174.38㎡(52.75평)
건축 면적 : 72.87㎡(22.04평)
연면적 : 119.24㎡(36.07평)
　　　　1F 59.62㎡ + 2F 59.62㎡
구조 및 공법 : 목조 2층 건물(축조 공법)
공사 기간 : 5개월
설계·시공 : ALTS DESIGN OFFICE
　　　　http://alts-design.com
시공 : 마코토 공무점

주요 사양

바닥 **1층, 포치** : 토방 흙손 누름, **2층** : 비계판
　　주방과 욕실 : 장척 염화비닐시트
벽 **1층, 2층** : 나왕합판(1층의 일부는 규산칼슘판)
급탕 에코조즈(풀오토타입)
주방 **본체** : 주문, 레인지후드 〈산와컴퍼니〉, 수전금구 〈가쿠다이〉
욕실 〈LIXIL〉 1616 사이즈 시스템욕실
세면 ·볼 〈TOTO〉, 수전금구 〈LIXIL〉
화장실 **1층** 〈LIXIL〉 사티스 E, **2층** 〈LIXIL〉 아메주 Z
새시 〈LIXIL〉 복층유리 새시
현관 문 주문 제작
지붕 갈바륨 강판 지붕
외벽 금속제 사이딩
단열방법·재질 내단열·고성능 글라스울

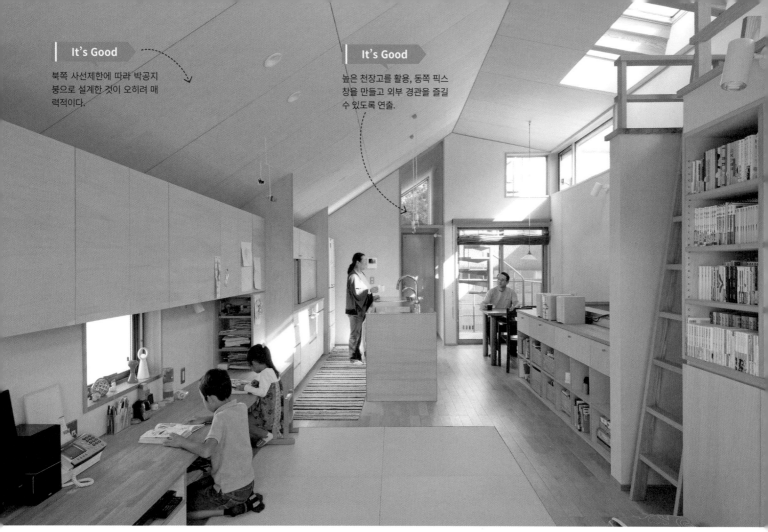

It's Good
북쪽 사선제한에 따라 박공지붕으로 설계한 것이 오히려 매력적이다.

It's Good
높은 천장고를 활용, 동쪽 픽스창을 만들고 외부 경관을 즐길 수 있도록 연출.

2F LDK
3면에 이웃집이 둘러싸고 있는 부지라고 믿기지 않을 만큼 환하다. 박공 천장의 낮은 쪽에 상부장을 설치하는 등 제작 가구로 수납은 깔끔하게.

CASE 4

옆집에 둘러싸인 땅이지만 설계를 통해 개방감 있고 편안한 집으로

It's Good
천창을 통해 빛이 들어오는 보이드에 건조 공간을 설치. 여름철 빨래 냄새 걱정 끝.

냉난방 효율을 고려해 보이는 개폐식으로. 건조용 봉을 설치해 LDK에서 빨래가 보이지 않게 하였다.

H씨 집 (아이치현)
부부와 초등 4학년 아들과 유치원생 딸, 4인 가족이다. 가족 모두 독서를 좋아하고 낚시와 캠프, 농사 체험 등 아웃도어를 즐긴다.

It's Good
천창은 차단력이 좋은 로이 유리를 선택하고, 통풍이 잘되도록 개폐식으로.

It's Good
밤하늘과 풍광을 즐길 수 있는 전망대를 설치.

It's Good
벽면은 규조토를 시공하여 습기와 냄새 걱정 없는 쾌적한 공간으로.

2F LD
보이드를 통해 1층까지 빛이 들어온다. 옆집의 북쪽 사선제한에 맞춰 창을 높게 설치, 시선은 피하고 빛은 가득.

RF 전망대
↑ 고지대의 지형을 살려 지붕 위에 1평 크기의 전망대를 설치. "불꽃놀이나 달 구경도 해요."
← 연구원인 부부의 직업을 떠올리는 'DNA'를 나선형 계단으로 표현. 아래층까지 빛이 드는 바닥은 그레이팅으로.

It's Good

미닫이문을 모두 열면 안과 밖이
연결돼 개방적인 공간으로. 서향이
라 차양막도 설치하였다.

전면 개방되는 목제 미닫이문을 설치해 거
실과 발코니를 하나로 연결.

2F 거실

편히 쉬는 것을 좋아해 좌식
공간으로 꾸몄다. 수납장 문
의 강도를 높여 등받이로 활
용. 수납장 위 로프트는 아
이들의 놀이터이다.

It's Good

5.4미터에 이르는 카운터는 TV 받침
대, 책상, 수납장 등 다용도로 활용.

It's Good

뒷면 수납장에 주방 가전을
두어 깔끔하게 수납.

2F 주방

↑ 천장 마감재와 같은 시
나합판으로 수납장 문을
달아 깔끔. "미닫이문 앞쪽
으로 카운터를 약간 돌출
시켜 제작했어요. 그릇이
나 요리를 잠시 둘 수 있어
편해요."
→ 천장이 높아 레인지후
드의 덕트가 길어지므로
환풍기는 승강식을 선택.

싱크대의 버터플라이 카운터
는 간단한 식사와 아이들의 공
부, 가벼운 모임 등에 맹활약.

It's Good

필요할 때 펼칠 수 있는 버터플라
이 카운터는 공간 활용에 좋다.

★ 대만족 포인트! ★

1 토지와 건물의 예산을 잘 배분해
쾌적한 집으로 완성.

2 창문 설계를 통해 외부 경치를 만
끽할 수 있는 밝고 개방적인 공간
으로.

3 제작 가구를 이용한 계획적인 수
납으로 깔끔하게 생활할 수 있다.

대학교 연구원으로 일하는 H씨 부부. 업무상 이사를 하게 되어
직장 근처에 집을 짓기로 했다.

"홈페이지를 보니 설명이 쉽고 상담하기 편한 분위기여서 바
로 메일을 보냈어요." 유라리 건축사무소에 주택부지를 의뢰하
고 함께 찾게 되었다.

후보지는 북쪽 사선으로 인해 높이 제한이 있는 데다 남, 북,
동쪽 면에 이웃집이 접해 있는 부지였다. "채광이 나쁠 수 있는
조건이지만 그 부분은 설계를 통해 해결할 수 있다고 하니 오히
려 기대가 됐어요."

엄격한 제한이 있는 북쪽 사선에 맞춰 지붕을 경사지게 만

들었는데 오히려 분위기 있는 공간이 되었다. 천장의 낮은 쪽
에 상부장을 설치해 손이 잘 닿는 기능적인 벽면 수납이 가능
해졌다.

걱정했던 채광도 이웃집의 북쪽 사선에 맞춰 높은 곳에 천창
을 내고, 보이드를 설치해 1층까지 빛이 잘 들어온다.

또한 구조설계사와 제휴해 기둥이 없는 넓은 공간을 만들어
냈다. 외부의 녹음을 즐길 수 있는 큰 창과 거실에서 이어지는
발코니 등으로 개방적인 공간이 완성되었다.

"다양한 창을 내서 건평보다 훨씬 넓게 느껴지고 덕분에 업
무 스트레스가 싹 풀려요."

1F 아이방
아이방의 가운데 있는 천장 높이의 책장. 아이들이 좀 더 자라면 완전히 분리해 독립된 방으로 만들어 줄 계획이다.

> **It's Good**
> 파티션을 겸한 책장 한 부분을 비워 아이들이 자유롭게 오갈 수 있다.

"시세보다 저렴한 부지를 구한 덕분에 건축비를 높여 고성능의 쾌적한 집을 지을 수 있었어요."

여름의 더위와 겨울 냉기를 효과적으로 막는 단열을 꼼꼼히 하고, 바닥 난방으로 겨울 내내 따뜻하게 지낼 수 있다.

뿐만 아니라 전망대, 나선 계단, 발코니 등 다양한 공간을 만들어 단독주택의 여유로운 장점을 최대로 높였다.

"주차장 옆 수도에 온수가 나오도록 한 게 신의 한 수였어요. 겨울에 낚시 도구를 씻을 때 편리해요.(웃음)"

독서, 아웃도어 등
취미를 더욱 즐겁게!

1F 아이방
→ 4평 정도의 공간을 책장으로 나눠 아이들 방으로. 책장의 출입구는 H씨의 아이디어.
↑ 아이방에서 올려다 본 보이드. 천창의 빛과 1, 2층 사이의 환기도 효과적이고 가족의 인기척도 느낄 수 있다.

> **It's Good**
> 복도 양쪽에 수납장을 짜 넣어 온 가족의 드레스룸으로 활용.

방 입구 옆의 미니 데스크 코너. 노트북 작업을 하거나 물건을 수납하는 공간으로 활용.

1층 복도
복도를 활용한 옷장은 워크인 클로짓(W·I·C) 역할도 겸한다.

> **It's Good**
> 취침 전에 읽을 책과 CD 플레이어를 두기 위한 니치.

1F 침실
1층 안쪽의 방은 현재 가족이 함께 쓰는 침실이다. 오른쪽의 장지문을 통해 충분한 채광을 확보.

It's Good

현관 옆에 만든 세면코너는
애완동물 관리와 귀가 시에 편리.

→ 갈바륨 강판으로 마감한 외관.
2층 발코니의 허리 벽은 옆집과 시
선이 부딪치지 않아 프라이버시 보
호가 되도록 설계하였다.
↑ 잔디와 침목을 활용한 바깥 계
단. 오른쪽의 슬로프를 통해 자전
거도 편하게 옮길 수 있다.

1F 세면 코너
현관에 들어서면 바로 손을 씻을 수 있고, 반
려견과 거북이를 씻길 때도 편리. 아침 세면
실의 혼잡함도 덜었다.

1F 현관 홀

It's Good

아웃도어용품 등을 수납하
는 곳. 덕분에 취미생활을
편리하게 즐길 수 있다.

It's Good

바깥 창고에는 스노타이어 등
집에 들이기 곤란한 물건을
수납.

2F 욕실
어두운 색이 안정감을 준다는 아내의 요
청에 따라 욕실은 검은 타일로. 큰 창으
로 초목이 보여 힐링되는 느낌.

2F 화장실
↑ 환기를 위해 거울 옆에
긴 세로 창을 설치. 큰 세
면볼은 다용도로 쓸 수 있
어 기능적.
→ 늘 태블릿을 끼고 사는
남편을 위해 설치한 화장
실 태블릿 거치대.

1F 현관
미송 재질의 현관문. 포치는 반려견
이 산책을 다녀와도 더러움이 눈에
띄지 않도록 워싱아웃 처리된 자갈
(washing out : 시멘트와 자갈을 섞어
바닥에 바른 후 표면이 마르기 전에 물
을 부어 자갈만 도드라지게 노출시키
는 공법)로.

DATA

가족 구성 : 부부 + 자녀 2명
부지 면적 : 140.09㎡(42.38평)
건축 면적 : 58.59㎡(17.72평)
연면적 : 100.93㎡(30.53평) 1F 49.59㎡ + 2F 51.34㎡
구조 및 공법 : 목조 2층 건물(축조 공법)
본체 공사비 : 약 2,700만 엔
3.3㎡ 단가 : 약 88만 엔
설계 : 유라리 건축사무소 www.yuraricasa.com
구조설계 : 워크숍
시공 : 후지사토 건축공방

주요 사양

바닥 **1층, 2층** : 나라 원목재 플로어링
　　포치 : 자갈 워싱아웃 마감
벽 **1층** : AEP 도장, **2층** : 규조토
급탕 〈코로나〉 에코 큐트
주방 **본체** : 주문(I형, 폭 270cm)
　　레인지후드 〈키친즈키친〉 승강식 환풍기
　　수전금구 〈그로헤〉
욕실 **욕조, 바닥** 〈TOTO〉 하프 배스룸, **벽**: 타일
세면 **볼** 〈TOTO〉 SK106, **수전금구** 〈그로헤〉
화장실 **1층, 2층** 〈TOTO〉 CS220B·SH220BAS
새시 〈산쿄〉 다테야마 알루미늄 복층유리
　　목제 새시(미송재)
현관문 목제 도어(미송재)
지붕 갈바륨 강판
외벽 갈바륨 강판
단열방법·재질 분사·경질우레탄폼

설계 포인트

안도 미치토시 씨,
안도 세쓰코 씨 (유라리 건축사무소)

삼면이 옆집에 둘러싸인 부지의 단점이
장점이 될 수 있도록 세심하게 설계하였
다. 특히 이웃의 시선과 부딪치지 않도록
창의 위치와 발코니의 허리 벽 높이를 고
려하였다. 그래서 집안에서는 이웃집이
둘러싸고 있다는 답답한 느낌 없이 편하
게 지낼 수 있다.
식사 후 주방 일을 하는 동안 아이들이
씻는 것을 살펴볼 수 있도록 욕실을 주방
가까이에 배치하고, 수납공간을 적재적
소에 두는 등 맞벌이 부부가 함께 집안일
을 할 수 있도록 동선을 고려하였다.

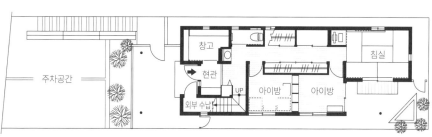

2F LDK
넓은 공간의 원룸 설계로 어디서든 가족의 얼굴이 보여 안심. 화이트에 원목 포인트로 따뜻함을 추가.

CASE **5** 대도시에서도
볕이 잘 드는
전망 좋은 집

S씨 집 (도쿄도)
어릴 적부터 하늘과 우주를 좋아했던 이과 출신 부부는 우주 관련 직장에 함께 근무한다. 1살된 딸도 카메라 제품 등에 흥미를 가지기 시작해 이미 '이과생'의 싹이 보인다고.

★ 대만족 포인트! ★

1 거실의 통창과 코너 창으로 빛이 가득 들어온다.

2 에너지 효율이 높은 설비와 공법으로 광열비 절약.

3 공간에 맞는 수납가구를 짜서 집안이 깔끔.

It's Good
아기 낮잠을 재우거나 게스트룸 등 다용도 공간.

2F 좌식 공간
LDK 한쪽에 만든 공간. 바닥을 한 단 올려 좀 더 안정감 있는 공간이 되었다. 짙은 감청색 천장도 만족.

It's Good

남향으로 통창을 내서 시야가
확 트이고 개방감이 좋다.

It's Good

주방가전은 풀 오픈되는 플랩
업 방식으로 수납.

2F 주방

← ↑ 주방 뒷면에 수납장 + 작
업 카운터 + 홈오피스를 일렬
로. 동선에 군더더기가 없고 일
의 효율이 높아졌다.

2F 거실

2층에서 3층으로 가는 계단 옆에 설치
한 보이드는 공간을 이어주고 채광을
확보하는 역할.

It's Good

다이닝룸에 톱 라이트를
설치하여 하루 종일 밝다.

→ 북쪽 사선의 입지를 활용해 만든 코너창
으로 도쿄 타워와 롯폰기 힐즈가 보여 야경
도 멋있다. ↑ 주방 카운터의 거실 쪽은 티세
트와 유리 전용 수납공간으로.

2F 주방

설비, 수납, 디자인까지 고
려해 주문 제작. 여럿이 주
방 일을 할 수 있도록 아일
랜드형으로 만들었다.

"예전 집은 고층 아파트여서 낮에는 전망이 좋고 도심 야경도
아름다웠어요."

　우주 산업에 종사하는 S씨 부부는 하늘을 좋아해 전망이 좋
은 부지를 찾아 다녔다. 결국 예산에 맞춰 발견한 곳이 지금의
장소.

　"깃대 모양의 작은 땅이지만 주위에 높은 빌딩이 없고 녹음
이 우거져 보자마자 마음에 들었어요."

　건축가 나카무라 다카요시 씨가 지은 집을 보고 첫눈에 반해
주택부지 구입부터 상담했다. '북쪽이 경사져 있어서 고저차를
이용하면 시야를 확보하고 주변 녹지도 누릴 수 있다.'는 조언
을 듣고 구입을 결정했다.

　부부는 전망 좋은 넓은 개구부와 공용공간인 LDK를 개방적
이고 내추럴한 스타일로 균형 있게 만드는 것을 원했다. 이에
건축가는 1층에 방과 욕실, 주방을 배치하고 2층과 3층을 공용
공간으로 만드는 3층 건물 플랜을 제안하였다.

　"가장 좋았던 것은 북쪽 창으로 경치를 보는데 아파트 5~6
층에 있는 기분인 거예요. 보이드가 있는 거실은 개방감이 좋아
친구들에게 자랑하고 싶은 집이 됐죠."

왼편에 골목이 있는 깃대부지. 2층 남쪽 면에 개구부를 설치해 남쪽 골목 방향에서 채광을 확보.

It's Good

테이프 라이트로 차분한 간접 조명.

1F 침실
위층이 주방이라 배관 때문에 천장에 단차가 생겼는데 그것을 조명으로 이용했다.

It's Good

가스발전기는 광열비 절약과 환경에도 도움이 된다.

1F 현관
오토바이를 좋아하는 남편이 희망한 바이크 보관소. 넣고 빼기 쉽도록 현관문을 양쪽으로 열리는 와이드 타입으로 설치.

It's Good

오토바이 보관소를 겸하는 현관은 넓게.

100엔의 가스비로 110엔 분의 전기와 70엔 분의 온수를 만드는 자가발전기를 설치하고 나무 펜스를 쳐서 현관과 분위기를 맞췄다.

1F 홈오피스
이웃 땅의 경계선과 겹치는 작은 코너에 창을 만들었다. 예상보다 훨씬 훌륭한 채광과 전망을 확보.

It's Good

현관을 넓고 깔끔하게 쓸 수 있는 신발장

에너지는 아끼고
기능면에서도
효율이 좋은 집을 목표로

일과 육아를 병행하는 아내는 청소와 정리가 편하도록 충실한 수납공간을 원했다. "현관 신발장을 비롯해 주방과 욕실, LDK에는 수납 물건의 수나 크기를 고려해 수납 가구를 맞췄기 때문에 아무리 바빠도 물건들로 어지러운 상황은 막을 수 있어요."

환경을 고려한 설비로 바닥 난방도 실현. 디자인과 기능적인 충실함도 갖추고 있어 더욱 만족스러운 집이 완성되었다.

1F 신발장
신발과 우산 등을 수납하고 겉옷을 걸 수 있는 걸이도 설치. 미닫이 문으로 공간활용도를 높였다.

설계 포인트

나카무라 다카요시 씨
(unit-H 나카무라 다카요시 건축설계사무소)

S씨가 매입한 깃대 모양의 부지는 26평으로 결코 넓지는 않았지만 대도시임에도 녹음이 우거진 환경이었다.
북쪽에 이웃한 땅이 한 층 낮은 입지라서 고저 차를 활용해 개구부를 설치하면 위층에서는 주변의 경치를 즐길 수 있고 빛과 바람도 충분히 들어올 수 있을 것이라 생각했다.
2층 LDK에는 북쪽의 L자형 창과 남쪽의 골목을 통해 채광을 확보하는 개구부를 설치하는 등 S씨가 요청한 전망과 채광을 모두 확보했다.

경치를 보며 마시는 맥주는
맛도 최고, 기분도 최고.

3F 발코니
세컨드 거실을 통해 출입하는 발코니는 북쪽
사선 제한을 피하는 형태로 세트백(setback,
건축 후퇴)한 부분에 설치되어 있다.

3F 세컨드 거실
남쪽을 통해 빛이 가득 들어오고 전망도 좋아서 손님맞이
에 안성맞춤이다. 향후 칸막이를 설치해 아이방으로.

It's Good

맞벌이 부부의 바쁜 아침을
고려해 세면볼은 2개로.

It's Good

거울 뒷면의 통유리로
밝은 빛이 쏟아진다.

1F 화장실
변기 뒷벽은 파란색으로 페인트
칠해 흰 공간에 포인트를 주었다.
건축주가 직접 DIY.

1F 세면실
탈의실을 겸하는 세면실은 흰색과 큰 거울로
좁은 공간이 넓어 보인다. 세면대는 서랍식으
로 수납을 확보.

1F 욕실
예산의 문제로 시스템 욕실을 선택. 욕조
가 생각보다 넓어서 만족.

DATA

가족 구성 : 부부 + 자녀 1명
부지 면적 : 86.74㎡(26.24평)
건축 면적 : 39.31㎡(11.89평)
연면적 : 101.14㎡(30.59평)
　　　　　1F 39.31㎡ + 2F 39.31㎡ + 3F 22.52㎡
구조 및 공법 : 목조 3층 건물(축조 공법, 준내화구조)
본체 공사비 : 약 2850만 엔 (에네팜- 가정에서 전기와
　　　　　온수를 만드는 가정용 연료전지) 약 200만
　　　　　엔, 바닥 난방 약 40만 엔은 별도)
3.3㎡ 단가 : 약 93만 엔
설계 : unit-H 나카무라 다카요시 건축설계사무소
　　　　(나카무라 다카요시, 아오야마 에리코)
　　　　https://nakamura-takayoshi.com
시공 : yamazen
주방 시공 : Madre / www. madre-style.com

주요 사양

바닥 **1층, 2층, 3층, 욕실** : 자작나무 원목재 플로어링, **2층 일부** : 다다미
　　포치 : 모르타르 쇠흙손 가라클리트(바닥 마감재의 이름) 마감
벽 **1층, 2층** : 〈산게츠〉 규조토 벽, 적삼목 판재 부착, 〈포터즈〉 페인트,
　　비닐 벽지
급탕 〈도쿄 가스, 파나소닉〉 에네팜
주방 **본체** : 주문 〈마드레〉 아일랜드형 폭 236cm, 레인지후드 〈H&H〉
　　Japan W-Double
수전금구 〈가쿠다이〉 118-130'
욕실 〈하우스테크〉 시스템 욕실
세면실 볼 〈이케아〉, **수전금구** 〈그로헤〉
화장실 〈파나소닉〉 alauno
새시 〈LIXIL〉 복층 유리 새시
현관문 철제문 특별주문 + 판재 부착
지붕 갈바륨 강판
외벽 갈바륨 강판
단열방법·재질 **지붕** : 닉스보드(외단열) + 글래스울(내단열), **벽** : 내단열
　　(글래스울), **기초 슬래브 밑** : 외단열(경질 우레탄폼),
　　기초 슬래브 위, 기초 수직면 : 내단열(현장 발포 우레탄폼)

발코니
보이드
세컨드 거실
DN
N
3F

좌식 공간
UP
LDK
DN
냉
발코니
2F

욕실
세면실
홈 오피스
UP
세
침실
현관
신발장
주차 공간
1F

6

매일 아침 굽는 머핀과
잘 어울리는 집

고재를 활용한 들보는 세월이 묻어나 멋스럽고 강한 존재감을 드러낸다.

1F 다이닝룸

거실과 달리 들보를 노출시켜 자연스런 공간 분리와 식사에 집중하도록 했다. 앤티크 램프와 소품이 잘 어울린다.

하마다 씨 집(오카야마현)

아내는 6살, 3살 아들을 키우며 매일 '아침 머핀' 사진을 올리는 인스타그래머. 솜씨 좋게 구운 과자도 인기가 많다.

벽면에 그릇장을 짜 넣었다. 식기장 문은 도트 무늬 유리로 심플하고 레트로한 멋이 있다.

★ 대만족 포인트! ★

1 원목과 회반죽 등 '자연 소재'로 지어 따뜻함과 멋스러움

2 LD와 연결되면서도 적당히 분리된 주방의 레이아웃

3 적당한 크기의 밝은 집은 편안한 분위기를 연출, 가족의 친밀감을 높인다.

It's Good

아치의 높이를 달리해 공간에
변화가 생겼다.

↑ 왼쪽은 세면실, 오른쪽
은 화장실. 아치 벽이 공간
을 나누어 부드럽게 느껴
진다. 높이와 커브는 현장
에서 꼼꼼하게 검토했다.

세면실 앞에서 본 거실. 아
치 프레임 덕분에 서양의
어느 집처럼 보인다.

It's Good

나무틀로 제작한 주방 실내창은
인테리어 효과가 뛰어나다.

It's Good

베이지톤의 회벽으로 더욱
아늑한 분위기.

It's Good

파인재 바닥은 옹이 무늬
와 톤이 원하는 대로 구현
되었다.

1F 거실

미장공이 흙손 마감한 회벽은 유
럽 시골집 같은 느낌을 준다. 빛
이 아름답게 감돌아 편안한 밝기
를 연출한다.

주방과 다이닝룸을 나란히 두어
식사 준비와 정리 동선이 편하
다. 가족이 주방 일을 나눠하기
에도 좋다.

It's Good

싱크대 상판은 가로 세로 5cm
타일로 귀여움과 편리함을
동시에.

1F 주방

주방은 사이즈와 소재, 디자인까지 원하는
대로. "손닿는 곳에 필요한 것이 수납되어
아주 편해요."

It's Good

관리하기 편한 인덕션

It's Good

세미클로즈드 주방은 대면형과
독립형의 장점만을 취합한 것.

'카페 주인'을 꿈꾸는 하마다 씨는 집을 지으며 좋아하는 과자를 마음껏 만들 수 있는 공간을 원했다. '벽을 바라보는 주방'을 원했던 것도 베이킹 도구를 늘어놓거나 가루가 날리는 작업을 고려해서다. 고립된 느낌을 우려해 실내 창을 제안, 설치하였는데 거실을 보면서 일할 수 있고 주방 내부를 적당히 가려주는 효과가 있다. 공간의 포인트도 된다.

따뜻한 느낌의 파인재 마루, 두툼하게 바른 회벽, 천장에서 존재감을 발하는 고재 들보 등 자연 소재로 둘러싸여 편안함이 느껴진다. 하마다 씨는 특히 '적당한 밝기' 덕분에 더욱 그런

것 같다고 한다. '너무 환하지 않고 편안한 밝기로 안정감이 있으면 좋겠다'고 요청하여 정원과 접한 통창 외에는 창의 크기를 작게 냈기 때문이다. 조명기구 조도도 낮춰서 아늑하고 부드러운 분위기를 연출한다.

LDK는 약 6.5평으로 넓지 않은데 하마다 씨의 취향을 반영한 것. "공간이 좁으면 가족이나 친구가 와도 가까이 모이게 되잖아요(웃음)." 아이들과 함께하는 파티도 자주 연다고. 반대로 아이의 화장실 훈련을 돕기 위해 화장실은 넓게 만들었다.

It's Good
삼각지붕이 귀여워서 귀가할 때마다 기분이 좋다.

1F 현관
← 현관문 위의 고재가 인상적. 바닥은 테라코타 타일을 깔고 단차를 둔 마루는 곡선으로 만들어 부드러운 표정으로.
↑ 삼각지붕을 살린 경사 천장이 멋있다. 현관 정면에 스테인드글라스 창이 보인다.

평소에 동경하던 회벽에 질기와, 삼각지붕과 장식 덧문 등을 모두 구현하여 완성한 집의 외관.

정원 가꾸기와 DIY 등으로 소중하게 집을 가꿔가고 싶다

↓ 화장실 세면대는 목재 상판과 수납장 문, 도자기 볼과 모자이크 타일 등 소재와 디자인에 신경 써서 제작.

It's Good
넓은 화장실은 아이가 배변 훈련하기에 좋다.

It's Good
세면실을 넓게 만들어 빨래 실내 건조도 가능하다.

1F 세면실
세면대 카운터에 가로 세로 10cm의 타일을 부착. 깨끗한 흰색으로 통일하고 세면볼과 거울로 우아한 분위기를.

손으로 만드는 것이면 뭐든 좋아하는 하마다 씨. 직접 커튼을 만들고 선반을 달고 목공도 하며 지금도 DIY를 이어가고 있다. "갓난쟁이 둘째 아이를 업고 직접 정원을 가꿨어요." 이 집에 산 지 3년 차에 접어드는데 DIY로 계절마다 집에 변화를 주고 '즐기면서 가꿔가고 있다'고 말한다.

2F 아이방
아이방은 내장을 심플
하게 한 후 월스티커를
직접 붙이고 플래그 갈
런드와 종이 퐁퐁으로
사랑스럽게 꾸몄다.

2F 침실
지붕창이 있는 침실은 경
사 천장과 고창을 통해 빛
이 들어와 쾌적하다. 철제
샹들리에로 오두막 분위
기 연출.

2F 아이방
아이가 아직 어려 하마다
씨의 DIY 아틀리에로 활
용. 아이 책상도 직접 만
들었다.

▶ DATA

가족 구성 : 부부 + 자녀 2명
부지 면적 : 172.00㎡(52.03평)
건축 면적 : 49.38㎡(14.94평)
연면적 : 86.29m(26.10평)
　　　　1F 47.58㎡ + 2F 38.71㎡
구조 및 공법 : 목조 2층건물(틀벽 공법)
설계·시공 : Sala's(살라즈) www.sala-s.jp

▶ 주요 사양

바닥 **1층, 2층** : 파인재 플로어링, **욕실** : 자기질 타일,
　　포치 : 테라코타 타일
벽 **1층** : 회칠, **2층** : 비닐 벽지
급탕 에코 큐트
주방 **본체** : 주문, **싱크** 〈콜러(KOHLER)〉,
　　레인지후드 〈산와컴퍼니〉, **수전금구** 〈그로헤〉
욕실 〈LIXIL〉
세면 주문, **세면볼** : 수입품, **수전금구** : 수입품

화장실 〈LIXIL〉
새시 〈마빈〉 목제 복층유리창
문 〈심슨〉 목제 문
지붕 서양식 기와 지붕
외벽 회칠
단열 방법·재질 **마루** : 폴리스티렌 폼, **벽** : 내단열·암면,
　　　　　　지붕 : 용마루 환기방법·암면

2F

1F

▶ 설계 포인트

이가 치에 씨 (Sala's)

'과자처럼 귀여운 집에서 살고 싶다'는 건
축주 요청에 따라 회반죽이나 자연석을
이용해 귀여우면서도 현실감 있는 외관
을 제안했다.
세미클로즈드 키친을 원했으므로 한정된
공간에서 협소함을 느끼지 않도록 복도
공간이 없는 플랜으로. 주방에 있어도 가
족의 인기척을 느낄 수 있고, 좋아하는 인
테리어를 볼 수 있도록 방을 배치하고 주
방에 실내 창을 더했다.

편안한 집을 만드는 6가지 규칙

Rule 1

'좋아하는 것'을 찾는다

좋아하고 소중히 여기는 것을 인테리어에 활용해 보자.
요리를 즐긴다면 거실에 소파 대신 큰 테이블을 두어도 좋고 낚시가 취미라면 낚시 도구를 장식해도 좋다.
주인의 '취향'이 잘 묻어나는 인테리어는 어색함 없이 멋스럽다. 먼저 나와 가족이 '좋아하는 것'을 찾아보자.

> ### Check List

☐ 취미, 좋아하는 것은 무엇인가? (가족의 취미도 고려한다.)

☐ 취미와 좋아하는 것을 위해 필요한 물건이나 도구가 있는가?(취미 도구, 종류와 양, 수납 방법은?)

☐ 좋아하는 것을 집안 어디에서 어떻게 즐기는 것이 이상적일까?(좋아하는 일을 하는 장소 만들기, 함께 즐기는 사람은?)

Rule 2

'스타일'을 찾는다

집은 내장이나 가구는 물론 소품과 일용품에 이르기까지 직접 선택한 물건들로 완성된다.
디자인 선택의 폭이 다양하므로 자신이 좋아하는 인테리어 스타일과 그에 맞는 물건 선택 기준을 가지고 있어야 한다.
인테리어는 삶의 변화에 따라 장기간에 걸쳐 진행되는 것이므로 본인만의 기준이 없으면 뒤죽박죽이 되고 만다. 가족의 취향을 고려해 좋아하는 스타일을 찾아보자.

> ### Check List

☐ 어떤 스타일을 좋아하는가?(좋아하는 스타일 이름 알기)

☐ 배우자가 좋아하는 스타일은? (배우자의 취향도 고려하자.)

☐ 추구하는 스타일이 가족의 라이프 스타일과 맞는가?(스타일 유지, 청소, 관리 등)

Rule 3

가족의 생활 방식을 생각한다

우리 집에 어울리는 인테리어를 하려면 라이프 스타일에 적합한 기능과 좋아하는 디자인을 고려해야 한다. 우선 생활을 돌아보고 집에 어떤 기능이 필요한지 생각해 보자.
거실과 다이닝룸은 공용 공간으로, 가족 수와 나이, 식사 방법과 집에서 생활하는 방법, 손님이 오는 빈도나 접대 등을 고려해야 한다. 이를 바탕으로 가구를 선택하고 배치한다.

> ### Check List

☐ 가족의 구성이나 나이는? (누가 어떻게 쓰는 공간인가?)

☐ 공간의 용도는? (방에서 지내는 방법은? LD의 경우에는 손님의 방문 빈도 등을 고려)

☐ 공간을 쓰는 사람이 편히 쉴 수 있는가? (가족의 취향과 휴식 방법 자세히 파악하기)

Rule 4

인테리어 요소의 균형을 생각한다

집의 내장과 가구, 커튼, 조명 등 각각의 개체를 인테리어 요소라고 한다.

각각의 요소는 좋아보여도 집과 어울리지 않으면 장점이 살지 않는다.

각각의 디자인보다 집안에서의 조합, 즉 코디네이트가 더 중요할 때도 있다.

물건을 사기 전에 기존의 물건과 잘 어울리는지, 집과 어울리는지 균형과 조화를 생각하고 고르자.

📎 Check List

☐ 가구와 커튼, 조명기구 등의 디자인과 소재, 색상은? (전체 조화가 잘 되는가?)

☐ 가구의 크기와 색상은? (방의 크기, 가족의 체격에 맞는가?)

☐ 커튼과 벽지, 바닥재 등의 색상과 무늬는? (방 넓이에 맞는가?)

Rule 5

유지 관리와 생활의 편리함을 생각한다

가구와 일용품은 쓰다 보면 오염되거나 흠집이 나기 마련이다. 소재와 마감재에 따라 손질법과 내구성이 다양하며 장단점이 있다. 그 점을 고려해 선택하자.

가구의 크기와 배치도 중요하다. 멋진 침대라도 침실에 비해 너무 크다면 장점보다는 청소가 어려운 단점이 더 부각된다. 움직이기 편한 배치와 물건을 선택하자.

📎 Check List

☐ 소재와 마감의 강도, 손질 방법이 생활에 적합한가? (신경을 많이 써야 하는 아이템인가?)

☐ 일상생활면에서 안전한가? (소재와 디자인 면에서 다칠 위험이 없는가?)

☐ 가구의 배치가 청소하기 쉬운가? (청소기를 돌릴 때 동선이 효율적인가?)

Rule 6

예산이 빠듯하면 우선순위를 정한다

예산 때문에 모든 것을 타협해 선택하는 건 금물이다. 그저 그런 것들로 가득 채운다면 머지 않아 불만이 생긴다.

우선순위를 정해 마음에 드는 것을 조금씩 모으자. 선반 등을 DIY하면 비용 절감이 된다.

특별히 원하는 부분에 예산을 쓰고 다른 비용을 줄인다면 만족도를 높일 수 있다.

📎 Check List

☐ 인테리어에 드는 총예산은? (합산하여 산출해 둔다.)

☐ 장기적으로 시행한다면 어디서부터 손을 댈까? (우선순위를 매긴다.)

☐ 사용 기간을 고려해 구입한다. (가격과 사용 기간, 만족도를 판단한다.)

집짓기 전에 꼭 알아두면 좋은 것!

단독주택을 지어본 200명이 말하는

집짓기 '이렇게 하길 잘했다!'

누구나 경험자들의 이야기를 듣고 싶어 한다. 어떤 점이 힘들었는지, 무엇을 유의해야 하는지 등.
먼저 집짓기를 경험한 200명에게 '생생한 경험담'을 물어보았다. 땅 찾기 단계부터 설계, 자금 조달 계획, 설비,
인테리어까지 설문으로 체크! '생애 첫 집짓기'를 계획한다면 필독을 추천한다.

준비 ~ 토지 찾기

집을 지으려고 마음먹은 계기는?

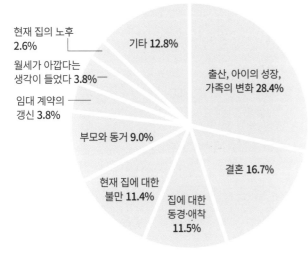

- 현재 집의 노후 2.6%
- 월세가 아깝다는 생각이 들었다 3.8%
- 임대 계약의 갱신 3.8%
- 부모와 동거 9.0%
- 현재 집에 대한 불만 11.4%
- 집에 대한 동경·애착 11.5%
- 결혼 16.7%
- 출산, 아이의 성장, 가족의 변화 28.4%
- 기타 12.8%

It's Good

집을 지을 때 참고한 것은?

1위 책, 잡지
- 다양한 인테리어와 조명 등 트렌드를 파악할 수 있다.
- 구체적인 평면을 볼 수 있다.
- 설계를 의뢰할 때 원하는 이미지를 좀더 명확하게 전달할 수 있다.

2위 주택 전시장
- 여러 업체를 비교할 수 있다.
- 궁금했던 설비나 내장재 등의 샘플을 직접 볼 수 있다.
- 설계와 가사 동선 등 자세한 설명을 들을 수 있다.

3위 인터넷, TV
- 많은 정보를 모을 수 있다.
- 실제 지어 본 사람의 소감을 참고할 수 있다.
- 실패담도 참고가 된다.

4위 입소문
- 지인에게 실제 후기를 들을 수 있다.
- 애프터 서비스 등을 들을 수 있어 참고가 된다.
- 최근 지은 집을 방문하여 향후 집짓기 이미지를 그려 볼 수 있다.

아이가 맘껏 놀 수 있는 환경을 찾아서

집짓기를 결심한 가장 큰 이유 중 첫 번째가 '아이 키우기 좋은 환경'이었다. 아이가 태어나면서 집 매매를 생각하게 된 경우, 초등학교 입학에 맞춰 집을 짓기 시작한 경우 등 '자유로운 환경에서 아이를 키우고 싶다.'는 의견이 많았다.

"정원 있는 집을 지어 아이를 키우고 싶다.", "아파트에서 아이에게 '뛰지 마라', '떠들지 마라' 등 늘 조심시키는 게 미안했다.", "시가 가까이 살면서 육아에 도움 받을 생각이다." 등 보다 나은 육아 환경을 위해 집을 지은 사람이 많았다.

그 밖에도 "내 집을 갖는 게 꿈이었다", "사택은 낡고, 인프라가 안 좋고, 취향대로 인테리어를 할 수 없다." 등 집 자체에 대한 로망을 실현한 사람들과 "아파트 임대료가 아깝다.", "직장 경력이 늘어나 대출 받기 쉬워졌다." 등 계기는 각양각색.

집짓기를 꿈꾼다면 정보 수집부터 하게 된다. 대부분 책이나 잡지, 인터넷으로 정보를 찾거나 박람회 등을 통해 주택 전시장을 둘러보는 등 적극적으로 찾아다닌다고 답했다. 그리고 기능과 디자인, 가격 등 신경 쓰는 포인트는 각자 다르지만 "현지 목수의 조언이 도움되었다.", "친구 집 수납공간을 구경하고 참고했다." 등 현장을 잘 아는 사람의 생생한 목소리와 실제 지은 집을 참고하는 경우도 많았다.

토지를 선택할 때 가장 고려한 것은?

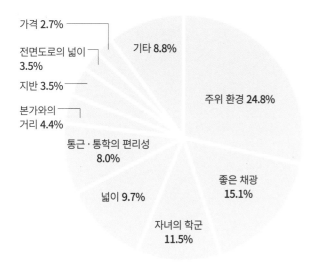

- 가격 2.7%
- 전면도로의 넓이 3.5%
- 지반 3.5%
- 본가와의 거리 4.4%
- 통근·통학의 편리성 8.0%
- 기타 8.8%
- 주위 환경 24.8%
- 좋은 채광 15.1%
- 넓이 9.7%
- 자녀의 학군 11.5%

토지는 어떻게 찾았나?

1위 부동산 회사의 소개

2위 부모님 땅

3위 원래 알고 있던 지역에서 찾기

토지 선택할 때 필수적인 사전 조사

건축의 필수 조건인 토지 선정에 대해서는 '주변 환경'과 '채광', '자녀의 학군'을 거론하는 사람이 많았다. 아이 키우기 좋은 환경과 '치안과 교통 편리', '가까운 도서관이나 공원' 등 아이가 안심하고 자유롭게 놀 수 있는 지역에서 토지를 찾고 있었다.

좋은 땅을 찾아 집을 짓는다 하더라도 실제로 살다 보면 생각지 못한 불편이나 고민이 생기기도 한다. "역과 가까워서 편리하지만, 빠르게 달리는 자전거가 집 앞을 많이 지나다녀 조금 위험하다.", "땅을 사기 전 시간대와 요일을 바꿔가며 주변을 둘러보는 것이 좋다. 집 앞의 도로가 좁은 것치고는 의외로 교통량이 많았다.", "지금은 없어졌지만, 근처 찻집의 노래방 기계 때문에 시끄러웠다." 등 생각지 못한 불편도 있을 수 있으니 세심한 부분까지 체크해 보자.

단독주택 경험자에게 토지 매입의 유의점에 대해 물었다.

"강이나 바다와의 거리 등 자연 재해를 예상해 토지를 결정해야 한다.", "이웃에 어떤 사람들이 사는지도 파악해 보는 게 좋다.", "주변 환경 조사는 필수.", "시세보다 싼 땅에는 이유가 있다.", "진학, 퇴직, 노후 등 라이프 스테이지의 변화에 따라 선택하라. 역에서 멀고 조용한 주택가는 맞벌이거나 딸이 있다면 위험할 수 있다." 등 생생한 의견을 들려 주었다.

마지막으로 조언의 끝판왕을 소개한다. "토지 선택은 직감이다. '여기서 실제로 산다면'이라고 상상해 보고 그곳에 있는 자신을 그릴 수 있다면 그 땅은 자신에게 맞는 것이다."

도로와 접해 주차장을 배치. 남쪽으로 가리는 것이 없어 집 가득 해가 들어온다. (I 씨 집)

2층 테라스에서 목제 퍼걸러와 플라워 박스로 식재를 즐기고 있다. 모퉁이 땅이라 양 방향에서 빛이 들어오는 것이 매력. (우치다 씨 집)

플래닝 · 자금 조달

주택 설계와 건축은
어떤 경로로 선택하였나?

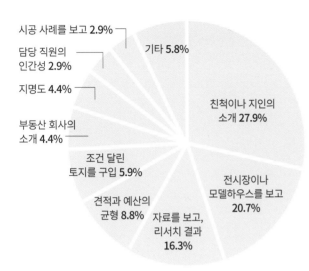

시공 사례를 보고 2.9%
담당 직원의
인간성 2.9%
지명도 4.4%
부동산 회사의
소개 4.4%
조건 달린
토지를 구입 5.9%
견적과 예산의
균형 8.8%
기타 5.8%
친척이나 지인의
소개 27.9%
전시장이나
모델하우스를 보고
20.7%
자료를 보고,
리서치 결과
16.3%

구조 · 공법은?

1위 목조 축조 공법

2위 목조 2×4 공법

3위 철골 구조

4위 목조 패널 공법

선택과 결정의 연속

집을 지을 때 건축가나 시공사, 주택 건설업체 등 다양한 곳에 의뢰하게 된다. 의뢰처를 선택하는 결정적 요인은 뜻밖에도 '지인의 소개'가 가장 많았다.

그밖에 여러 곳의 모델하우스를 직접 가 보고 플랜과 견적서를 받는 등 신중하게 의뢰처를 선택했다. 가장 중요한 파트너이므로 충분한 시간을 두고 알아보는 것이 좋다. 원하는 구조 · 공법을 실현할 능력이 되는 건축가와 시공업체인지 미리 확인해야 한다.

실제로 집을 짓기 시작하면 생각지도 못한 여러 문제가 생긴다. 그 중에서도 '가장 놀란 것은?'이라는 질문에 돈 관련 에피소드가 많았다.

"모든 것에 돈이 든다는 것을 절실히 느꼈다. 좋은 것은 비싸다!", "설비 하나하나가 비싸다.", "미닫이문이 비싸다. 선반에 문을 달면 비용이 올라간다.", "창문을 특별 주문 사이즈로 만들면 커튼도 특별 주문해야 한다." 등 예상치 못한 비용에 놀랐다고 한다. 대부분의 이야기가 상상했던 것보다 비용이 많이 든다는 것. 철저한 사전 조사로 예산 초과에 대비하는 것이 필요하다.

"이렇게 미팅이 많을 줄 몰랐다.", "벽지, 콘센트, 전기 스위치까지 전부 결정해야 한다. 신중을 기하지 않으면 금방 예산이 초과된다." 등 집 짓는 과정은 선택과 결정의 연속이다. '부부간의 가치관 차이'에 놀랐다는 경우도 있었다.

각 공법의 특징

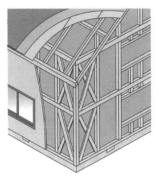

목조 축조 공법
목재로 토대와 기둥, 들보 등의 골조를 구성. 설계의 자유도가 높다.

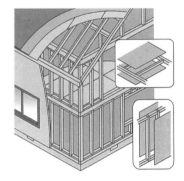

목조 2×4 공법
북미 규격의 목재로 틀을 만들고 구조용 합판을 붙여 건물 전체를 상자 모양으로 짠다. 단열성과 기밀성, 내진성이 뛰어나다.

철골 구조
골조로 철골을 사용해 내진성을 높였다. 내화성과 내구성이 높지만 그만큼 비싸다.

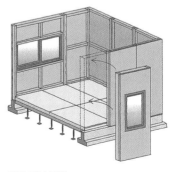

목조 패널 공법
공장에서 생산된 규격화된 바닥, 벽, 천장재를 현장에서 조립하는 공법. 정밀도가 높고 공사 기간이 짧은 것이 특징.

집짓기 이런 문제가 있었어요!

- 양가 부모의 의견 제시
- 부부간에 예산을 두고 옥신각신
- 도중에 시공사를 바꿨다.
- 시공사와 연락이 잘 되지 않고 의사소통이 어려웠다.
- 이웃들이 공사 소음에 불만을 나타냈다.
- 외관을 중시했더니 불편한 부분이 생겼다.

▶ **Check!** 건축비 외의 비용

☐ 부동산 취득세   ☐ 대출상환 보장보험
☐ 인지세   ☐ 가구, 조명, 커튼 구입비
☐ 등기 관련 비용   ☐ 이사비
☐ 대출 수수료   ☐ 재산세
☐ 대출 보증료   ☐ 이웃 인사 비용 등
☐ 화재 보험료, 지진 보험료

집짓기 이런 점에 놀랐어요!

- 예상보다 많은 돈이 든다.
- 커튼과 조명에 예산이 꽤 든다.
- 가구를 짜 넣으면 비싸다.
- 콘센트 위치까지 일일이 다 정해야한다.
- 철거 비용도 비싸다!
- 건물을 짓는 것 외에도 다양한 비용이 든다!
- 방충망이 옵션이다.

집 지을 때 피해갈 수 없는 문제들

'집을 짓길 잘했다고 생각하십니까?'라는 질문에 "그렇다"라고 대답한 사람이 대부분이었다. 하지만 완공까지 갈 길이 멀고, 가족과 혹은 업체와 마찰이 생기기 쉽다.

"시공사가 기술적으로 미숙해서 중간에 바꿨다.", "처음에 의뢰한 곳은 비용 정산 등이 불투명해서 결국 거래가 무산되었다.", "부동산이 계약금 변경을 마음대로 했다." 등 트러블도 많았고, 실제 공사가 시작된 후에도 "설계와 다른 곳에 건조대가 설치되어 있었다.", "시공사와 이웃 사이에 갈등이 있었다." 등의 사건도 있었다.

시공사나 영업사원과의 신뢰도 중요한데 "연락을 해도 오지 않거나, 수정을 요청해도 반응이 없었다.", "담당자에게 믿음이 가지 않았고, 우리 쪽 생각을 이해해 주지 않았다." 등의 고민을 토로했다.

스케줄이 길고 결정할 일이 많은 집짓기 과정에서 "부부간에 옥신각신했다."는 이야기도 많았다. "비용 문제로 남편과 다투었다!", "남편이 적극적으로 나서지 않아 싸웠다."라거나 양가 부모가 문제가 되는 경우도 있었다.

"양가 부모님이 평면에 대해 참견을 했다.", "시부모님이 금액에 관해 시공사에 따졌다. 우리는 타당한 금액이라 생각하고 계약한 건데…….", "도면 최종 단계에서 장모가 계단의 위치를 변경하고 싶어해 평면이 많이 바뀌었다." 등 특히 동거할 예정이거나 지원을 받는 경우는 양가 부모의 요구를 들어야 하는 문제가 있었다.

"거리가 멀어서인지 의사소통이 되지 않았다."는 경우도 있었다. '집을 짓는 데는 방해물이 늘 있기 마련!'이라는 여유있는 마음으로 대처하는 것이 성공적인 집짓기를 위해 필요한 것 같다.

평면

세탁실 & 건조 공간

선택하길 잘했다! 평면 & 플랜

1위 세탁실 & 건조 공간

2위 현관 주변 수납공간

3위 대면식 주방

4위 가사실 & 팬트리

5위 넓은 거실

발코니를 통해 빛과 바람이 들어오는 이상적인 가사 공간. 세탁, 건조, 정리 등 일련의 작업을 기분 좋게 할 수 있다. 손 씻는 세면대도 편리.(O씨 집)

여기가 우리 집의 자랑거리!

실제 집을 지어 사는 사람들에게 살면서 느끼는 '선택하길 잘한 평면 & 플랜'은 어떤 것인지, 물어보았다.

가장 많이 추천한 플랜은 세탁실과 건조 공간. "발코니에 지붕을 설치했더니 장마에도 빨래를 널 수 있어 좋다.", "2층의 빨래 건조 공간. 방 안에서 말리면 복잡한 감이 있는데 복도 한쪽에 널찍하게 만들어 방해가 되지 않는다.", "전천후 세탁실. 맞벌이라서 계속 널어둬도 된다는 점이 좋다." 등 매일 하는 집안일 부담이 줄었다고 한다.

생활의 쾌적성 면에서는 수납공간도 중요한 포인트. "현관에 코트 보관 장소를 만들었더니 깔끔해졌다.", "현관 토방에 흙 묻은 아이의 물건을 수납한다. 외부 토방에는 자전거와 오토바이, 우산 등을 수납한다."라며 현관 수납의 편리성을 꼽았다. 또한 "복도에 큰 수납장을 설치한 후 물건 찾기가 편해졌다.", "계단 밑 창고는 청소기나 화장지 등의 수납에 편리하다." 등 잡다한 물건을 수납하는 창고도 인기가 있다.

"팬트리는 여분의 식재료를 넣어둘 수 있어 편리하다.", "거실 구석에 책상을 설치했다. 컴퓨터나 요리책 등을 둘 수 있어 편리하다.", "주방 옆에 토방을 만들어 매실주나 절임병, 감자 등을 두는 장소로 유용하게 쓰고 있다." 등 주방 주변 기능과 수납에 신경 쓰는 경우도 많았다.

현관 주변의 수납공간

← 콘크리트 바닥을 넓게 잡고 공간의 절반을 커튼으로 가렸다. 청소기 등 큰 아이템 수납에 활용한다.(오바타 씨 집)

→ 현관 콘크리트 바닥에 가림벽을 세우고 신발 등을 넣는 오픈 선반을 설치. "청소기도 넣을 수 있어 창고 대용으로 쓰고 있어요."(I 씨 집)

살면서 느끼는 진짜 편안함

누구나 '이런 집을 짓고 싶다'는 로망이 있기 마련이다. 꿈꾸던 것을 실제로 이룬 집은 만족감도 특별하다.

"스킵 플로어에서는 각자 일을 하고 있어도 서로의 인기척을 느낄 수 있다.", "거실 앞 베란다를 넓게 만들었더니 개방감이 느껴져 좋았다.", "베란다의 폭을 넓게 만들어 주말에는 바비큐 파티를 한다." 새집에서의 생활을 즐기고 있다.

정말 살기 좋은 집을 원한다면 라이프 스타일에 맞춘 플랜을 짜는 것이 중요하다. "현관 바로 옆에 남편의 공간을 만들었다. 항상 방에 옷을 벗어두곤 했는데, 전부 그 공간에 넣으니 잔소리가 줄었다!", "세면실에 속옷과 수건을 넣는 큰 서랍을 설치했다. 쓰기 편하고 청소도 쉽다." 등 가족의 생활을 고려한 독창적인 플랜이 호평을 받았다.

하지만 아무리 꼼꼼히 플랜을 짰더라도 후회하는 부분이 생긴다. "1층을 통층 구조로 만들었는데 작더라도 방을 만들 걸 그랬다.", "현관과 거실의 문이 직선상에 있다. 거실 문 유리를 통해 안쪽이 훤히 보인다.", "1층에 세면대가 없어 불편하다.", "주방과 세면실이 멀다!" 등 동선 상 불편에서부터 "주방에 쓰레기 배출 전용문을 달았더라면 좋았겠다.", "현관 앞의 처마가 너무 짧아 비가 들이친다. 현관도 좁다!", "욕실을 넓게 만들었더니 춥다.", "창이 너무 많다. 벽면이 적어 인테리어에 한계가 있다.", "수납공간이 부족하다. 겨울 이불을 넣지 못해 곤란하다." 등 세밀한 불편도 많았다.

대면형 주방

요리하면서 가족과 소통할 수 있는 대면형 주방. 천장쪽에 높은 창을 통해 계절의 변화를 느낄 수 있어 부부가 좋아하는 공간이다.(아이다 씨 집)

가사실

자수나 바느질 등 핸드메이드를 좋아하는 아내를 위한 공간을 만들었다. 아이의 공부 공간으로 쓰기도 한다.(아이다 씨 집)

팬트리

← 커튼으로 구분한 팬트리. 여분의 식재료부터 조리 기구, 일용품까지 모두 수납.
↓ 약 1평 정도의 공간에 오픈 선반을 달았다.(아이다 씨 집)

이건 좀 실패!

- 방이 너무 많아서 청소하기 힘들다.
- 2층에 욕실과 화장실을 모아놨더니 1층에 세면대가 없어 불편.
- 2층 베란다에 생각보다 햇볕이 들지 않는다.
- 서향 데크는 햇볕이 너무 들어서 덥다. 식물도 시든다!
- 평소 꿈꾸던 넓은 욕실. 그러나 춥다!
- 옆집 창문과 서로 마주보고 있다.

설비 · 내장

탁월한 선택! 추천 설비

1위 바닥 난방

2위 욕실 난방기 & 욕실 건조기

3위 빌트인 식기세척기

4위 태양광 발전

5위 전동 셔터

Check! 가스 온수식 바닥 난방 VS 전기식 바닥 난방

가스 온수식 바닥 난방

바닥에 온수 패널이나 온수 파이프를 설치해 온수를 데운다. 바닥이 빨리 데워지고 따뜻하지만 장시간 이용하거나 넓은 범위에 사용하면 가스 요금이 많이 나온다.

전기식 바닥 난방

바닥의 전기 히터를 발열시켜 바닥면을 데운다. 시공이 간편하고 부분 난방도 가능. 유지 관리비는 약간 비싼 편.

이 설비는 별로였다!?

- 보이드의 조명. 전구 교체가 힘들다!
- 욕실 건조기. 창을 열면 빨래가 마르는 환경이었다.
- 식기세척기가 찬장이 되었다.(그건 그것대로 편리!?)
- 바닥 난방은 유지 관리비 때문에 못 쓰고 있다.
- 2층에도 화장실을 설치했지만 자주 사용하지 않는다.

설비! 정말 편리하다 vs 별로였다

정말 편리한 설비로는 빨래를 말리기 위한 욕실 난방기나 욕실 건조기가 "비오는 날 도움이 된다."고 호평. 식기세척기는 "여유가 생겼다.", "파스타 냄비도 씻을 수 있어 매우 편하다!" 등 요리를 좋아하는 사람들 사이에서 좋은 평을 얻었다.

전동 셔터의 경우 "타이머로 자동 개폐하면 벌레가 못 들어온다."며 편리성을 인정받았다. 그 밖에 태양광 발전이나 장작 난로, 주방의 터치리스 수전, 의류 건조기, 전관 공조 시스템 등도 편리한 설비로 꼽았다.

'별로였던 설비'는 "높은 곳에 설치한 수납장은 물건 넣고 빼기 불편하다.", "2층 화장실은 잘 쓰지 않는다.", "탈의실의 비싼 온풍기는 한 번도 안 썼다.", "24시간 환기시스템은 금방 고장나고 유지 보수 비용도 비싸다.", "3구 모두 인덕션으로 할 걸 그랬다." 등 다양한 의견이 올라왔다. "식기세척기는 애벌 설거지가 필요하므로 결국엔 손으로 한다. 거의 쓰지 않는다."는 의견도 있었다.

다른 이들에게 편리한 설비여도 우리 가족의 라이프 스타일에 맞지 않으면 무용지물. 따라서 성능이나 편리성에 대해 꼼꼼히 조사하고, 정말 필요한 아이템인지 구입 전에 한 번 더 생각해 볼 필요가 있다.

인기 내장재 best 3

원목 바닥재

가족이 가장 긴 시간을 보내는 거실은 원목 티크재를 사용. 베란다 창으로 들어오는 빛을 받아 더욱 부드러운 느낌이다.(오바타 씨 집)

회칠

규조토

↑ LDK 벽은 습도 조절 기능이 좋은 회반죽으로 마감해 쾌적하다. 파인재 원목 바닥과 조화를 이루어 내추럴한 분위기이다.(아이다 씨 주택)

← DIY로 규조토를 미장 마감한 아이방. 규조토 위에 흐린 초록색 페인트를 칠했다. (우치다 씨 집)

과정은 힘들어도 역시 우리 집이 최고!

내장재로는 회반죽과 규조토, 원목 바닥재와 같은 자연 소재가 가장 인기였다. "바닥에 특별히 신경 써서 메이플 원목재를 선택했다. 12년째인데 광택이 생겨 보기 좋다.", "회벽은 음식 냄새가 거의 배이지 않아 좋다!", "규조토로 마감한 천장 덕분에 습기와 냄새가 줄어 쾌적하다."며 신경 써서 고른 천연 내장재에 만족감을 표하였다. 청소가 쉬운 기능성 벽지, 인조 대리석 조리대 등도 인기 있는 소재.

시간과 노력, 예산이 많이 드는 집짓기는 행복한 경험이지만 과정 중에는 '힘든 점'도 있기 마련이다.

무엇보다 자금 마련의 어려움이 컸다. "예상보다 돈이 많이 들었다", "예산을 맞추기 위해 끝없는 타협과 가격 협상" 등 금전 문제와 더불어 "남편과 의견 조정"이나 "출산 시기와 이사가 겹쳐 힘들었다." 등 스트레스로 힘들었다고 지적한다.

그러나 가족이 고민해 지은 집의 만족감은 각별했다.

"우선 넓이에 감동했다. 내 취향의 바닥과 벽에 완전 반했다!", "아이들도 저마다의 방이 생겼다. 정원에서 아이들이 벌레를 잡기도 하고 텃밭도 가꾼다.", "집을 꾸미고 정리하는 것이 즐거워졌다.", "집에서 보내는 시간을 소중히 여기게 되었다.", "소음 걱정할 필요 없이 아이가 넓은 공간에서 놀 수 있다.", "남편이 매우 빈틈없다는 걸 알게 되었다." 등 집짓기가 가족과의 관계에 좋은 영향을 미치고 있었다.

무엇보다 집짓기의 가장 큰 즐거움이라면 "이곳이 내 집이라는 기분이 든다."는 것! 여러분도 힘내시기 바란다.

'집짓기'의 힘들었던 점

- 뭐니뭐니 해도 자금 마련!
- 미팅 등으로 매주 주말이 바빴다.
- 결정할 게 이렇게 많구나! 하고 놀랐다.
- 예산에 맞추기 위해 타협한 부분이 있다.
- 부부 의견이 맞지 않아 옥신각신!

'집짓기'의 좋은 점!

- 꿈꾸던 이상적인 공간이 실현되었다!
- 아이들에게 각자의 방이 생겼다.
- 아이가 마음껏 놀면서 지낼 수 있게 되었다.
- 편하고 쾌적하다!
- 가족 공동 작업이라는 느낌에 즐거웠다.
- 집이 깨끗해져서 업무도 집안일도 의욕이 높아졌다.
- 가족 간의 대화가 늘었다.
- 인테리어를 생각하는 게 즐거워졌다.

만족도 높은 공간·코너를 만드는 포인트

FILE 01 홈오피스, 고립감을 없애고 쾌적하게

가족 모두가 사용하기 좋은 곳에 배치

컴퓨터 작업을 하고, 가계부를 쓰고, 아이가 숙제를 하는 등 가족 모두가 사용하는 홈오피스는 거실보다 다이닝룸이나 주방 근처에 두는 것이 좋다. 남편과 아이도 집안일을 하는 아내 옆에서 시간을 보낼 때 가장 안정감을 느끼므로 다른 독립된 장소보다 이용 빈도가 높아진다.

가족의 인기척을 느끼며 작업에 집중할 수 있도록 돌출벽이나 격자 모양의 칸막이 등으로 느슨하게 공간을 구분해 약간의 독립감을 연출할 수 있으면 금상첨화.

홈오피스는 작업뿐만 아니라 종이류 수납 장소로도 좋다. LD쪽에서 보이지 않는 각도에 선반을 달면 어수선한 느낌을 없앨 수 있다. (건축가 오야마 씨)

설계 POINT

1 '독립'과 '연결'의 균형이 중요.

2 DK 옆에 만들면 활용도가 높아진다.

3 필요한 물건을 두는 수납공간도 충실하게 만든다.

Y씨 집(도쿄도) 설계 / 플랜박스
다이닝룸 주변에 2개의 홈오피스를 만들다

식탁과 나란히 배치한 책상은 가족 모두의 작업 공간. 아이들도 여기서 숙제를 한다. 파티션으로 구분한 또 다른 홈오피스는 아내의 아틀리에. 수납 공간도 충실하다.

주차 공간

1F

↑ 커다란 아일랜드 카운터와 식탁은 집의 중심. 가족이 모이는 장소에 홈오피스를 만들었다.
←← 아틀리에에는 약간의 독립감을 중시한 구조. 책장은 다이닝룸에서 잘 보이지 않는 각도로.
← 책상 위에는 오픈 선반을 만들어 잡화 등을 디스플레이.

오자키 씨 집(사이타마현) 설계 / 플랜박스
독립감을 확보하면서 DK와 연결되는 플랜

L자 형태로 이어지는 거실과 DK 사이에 홈오피스를 배치. 아치 벽으로 감싸 부드러운 포인트가 되고 적당한 독립감도 생겼다. 내부에는 책상을 짜 넣었다.

1F

↑ 홈오피스 입구는 다이닝룸 쪽으로 설계. 여기도 아치형으로 디자인해 문 없는 오픈 스타일로.
↓ 거실에서는 벽 뒤의 홈오피스가 보이지 않는다.

놀이방, 눈에 보이면 부모도 아이도 안심!

어질러도 괜찮은 공간을 만들어 육아를 자유롭게

대부분의 아이들은 장난감을 가득 늘어놓고 노는 것을 좋아한다. 하지만 집안이 어질러지는 것이 문제. 또한 안전을 고려해 부모의 시선이 닿는 곳에 아이의 놀이공간을 만들기 원해 LDK 한쪽에 놀이방을 만드는 플랜이 인기이다.

아이가 자라면 게스트룸으로 만들 수도 있고, 미닫이 문을 달아 평소에는 넓게 쓰다가 손님이 오면 LD에서 장난감이 보이지 않도록 닫아두면 된다. 손님에게는 보이지 않고 목소리나 인기척이 잘 들리는 로프트를 놀이방으로 만드는 방법도 있다. (고야마 씨)

설계 POINT

1 LD와 주방에서 시선이 닿는 곳에 만든다.

2 아이의 성장에 따른 용도를 고려해 가변형으로 계획.

3 물건이 눈에 보이지 않도록 아이디어를 내면 손님이 와도 걱정 없다.

K씨 주택(가나가와현) 설계 / 비즈 서플라이
널찍한 로프트가 놀이터로

2층에 LDK를 설치한 K씨 집. 넉넉한 천장고를 살려 건물 폭과 같은 너비로 로프트를 만들고 놀이방으로 꾸몄다. 장난감을 어질러도 걱정 없고 가족과 소통하는 것도 무리가 없다.

2F

← 거실은 커다란 보이드로 만들고 DK 위에 로프트를 설치했다. 계단 안쪽에는 홈오피스가 있다.
↘ 로프트 한쪽에 책장을 두어 아이 물건을 수납했다.
↙ 은신처 같은 공간은 아이들의 반응이 좋다. 조립하던 레고를 두었다가 언제든 다시 할 수 있는 것도 매력.

N씨 주택(구마모토현) 설계 / 콤하우스(COM-HAUS)
주방에서 보이는 놀이 공간

거실과 연결된 방이 놀이 공간. 주방에서 잘 보여 집안일을 하면서 아이의 모습을 지켜볼 수 있다. 홈오피스인 PC 코너를 키즈 공간과 가깝게 만든 것도 포인트.

1F

→ 주방에서 보이는 놀이방. 사랑스러운 인테리어로 장식했다.
↘ 맨발로 놀거나 누워 자도 쾌적하다.
↓ 놀이방 옆의 흰 벽 안쪽은 홈오피스. 어른과 아이가 가깝지만 독립적으로 지낼 수 있는 플랜이다.

라이브러리, 가족 모두를 위한 공간

가족이 함께 독서를 즐기는 공간

아이 책은 아이방에, 어른 책은 서재나 침실에 따로 수납하는 것이 아니라 한 곳에 모아 라이브러리를 만들 수 있다. 부모가 책을 가까이하면 아이도 자연스럽게 영향을 받아 '책을 좋아하는 아이'로 자란다.

연면적이 넓지 않은 경우 라이브러리에 방 하나를 할애할 필요는 없다. 복도나 계단홀 등 벽면이 많은 공간에 라이브러리를 설치하거나 LDK의 한쪽 홈오피스에 책장을 넉넉히 만들면 된다. 공간을 절약할 수 있고, 가족의 생활 공간과 가까워 오며 가며 손쉽게 이용하게 된다. 앉아서 독서할 수 있는 카운터를 설치하거나 가족의 작품을 장식해 갤러리풍으로 꾸미는 것도 추천한다. (건축가 아케노 씨, 고야마 씨)

설계 POINT

1 온 가족이 편하게 사용할 수 있는 장소에 만든다.

2 벽면을 활용할 수 있는 복도나 계단 주변도 추천.

3 책을 읽을 수 있는 코너를 만들면 활용성이 더욱 높아진다.

하루타 씨 집(사이타마현) 설계 / 마쓰이이 리빙 컴퍼니

계단홀 벽면을 활용해
압박감 없는 책장을 플랜

1층부터 3층까지 이어지는 계단홀 벽면을 모두 책장으로 만든 집. 실내에 압박감을 주지 않도록 뒷널이 없는 디자인을 택했다. LD에서 책을 가지러 가기 쉽도록 배치했는데 계단에 앉아 책 읽는 즐거움도 있다.

↑ 라이브러리 2층. 계단홀의 길이와 천장고를 최대한 활용해 수납량이 탁월하다. 책장이 오픈형이라 빛을 가리지 않고 선반의 장식품도 돋보이게 한다.
→ 1층은 복도 좌우에 책장이 있다. 왼편에는 만화책이 가득!

T 씨 집(도쿄도) 설계 / 플랜박스

2층 복도를 라이브러리 겸
홈오피스로

책이 많아 복도의 폭을 넓혀 양쪽 벽면 가득 책장을 만들었다. 책상을 놓아 홈오피스를 꾸민 것도 포인트. 같은 층에 아이방이 있지만 독서나 숙제는 여기서 한다.

← 책의 높이에 맞출 수 있도록 이동 가능한 선반으로. 아이의 손이 닿는 곳에는 장난감 진열도 가능.
↓ 거실 계단 위에 라이브러리를 설치해 아래층에서 말을 걸면 소리도 잘 들린다.

토방 공간, 반 옥외가 주는 편안함이 인기

일상생활과 취미도 여유롭게 즐길 수 있어 추천

실내와 옥외를 느슨하게 이어주는 반옥외 공간을 '중간 영역'이라고 한다. 지붕 있는 데크나 툇마루, 집 안에 있는 토방이나 지붕 달린 야외 토방 등이 이에 해당한다. 실내 공간과 개방적인 실외 공간의 장점을 동시에 갖고 있다.

실내 토방과 야외 토방은 날씨나 오염에 신경 쓰지 않고 지낼 수 있어 인기 있다. DIY나 반려동물 케어, 자전거 손질 등을 하기 편하고, 비 오는 날 아이가 자유롭게 놀거나 빨래를 말리거나 큰 짐을 잠시 보관하는 등 생활면에서 장점도 크다. 면적에 여유가 없다면 현관의 콘크리트 바닥을 조금 더 넓혀도 용도가 확장된다. 미닫이로 만들면 열어둔 채 사용할 수 있어 출입하기 편하다. (건축가 아케노 씨)

설계 POINT

1 목적에 맞게 실내 토방과 야외 토방을 선택한다.

2 현관의 콘크리트 바닥을 조금만 넓혀도 다용도로 쓸 수 있다.

3 출입문을 미닫이로 만들면 열어둔 채 사용하기 편하다.

아케노 씨 집(가나가와현) 설계 / 아케노 설계실
지붕 있는 옥외 토방은
아웃도어 취미 생활에 큰 역할

주거 공간과 아틀리에 사이에 '통로식 토방'을 설계. 지붕이 있어 유용하게 쓰고 있다. 다이닝 룸에서도 출입할 수 있도록 했다.

→ 지붕이 덮여 있어 실내와 연장된 외부 공간으로 사용할 수 있다. 외벽에 나무 패널을 붙여 따뜻함이 느껴진다.
↘ 토방 끝에는 정원이 이어져 경치도 좋다.
↓ 미닫이형 현관문을 열어두면 기분 좋은 바람이 들어온다.

혼다씨 집(도쿄도) 설계 / 아틀리에 SORA
큰 미닫이를 통해
테라스와 이어지는 자유로운 토방

남편에게 친숙한 '툇마루'를 새집에서 재현. 테라스~토방~LDK를 연결해 집 안팎의 일체감을 즐길 수 있도록 했다.
토방을 통해 가득 들어오는 빛과 바람이 집안 전체를 기분 좋게 훑고 지나간다.

→ 전면 개방할 수 있는 큰 미닫이문. 열어두면 테라스에서 LDK까지 자연스럽게 연결된다. 토방은 콘크리트.
↘ LDK에서 토방 쪽을 본 모습. 현관의 콘크리트 바닥을 겸하고 있어 여기서 신을 벗고 올라간다.
↓ 토방이 침실 앞까지 이어진다. 겨울에도 따뜻하게 바닥 난방을 했다.

유틸리티와 세탁 공간, 집안일 수고를 덜어준다

집안일 습관과 동선에 맞춰 만드는 것이 기본

매일 반복되는 집안일을 부담 없이 빠르고 즐겁게 할 수 있어 인기 있는 유틸리티. 편리하게 설계하려면 우선 자신의 집안일 습관부터 확인하자.

평소에 가사 동선을 떠올려 보고 그것을 토대로 배치 장소를 정한다. 예컨대 주방일과 세탁을 동시에 진행한다면 주방 옆에 세탁기를 갖춘 유틸리티를. 다림질이나 가계부 작성도 한다면 창과 책상을 두고 냉난방 시설을 하는 등 머무를 수 있는 환경을 만드는 것도 중요하다.

빨래, 세탁, 건조, 정리를 바탕으로 설계하는 방법도 있다. 유틸리티~건조장~옷장을 같은 층에 최대한 가까이 배치하면 매일하는 세탁의 부담이 줄어든다. (건축가 아케노 씨)

설계 POINT

1 주방과 가까우면 부엌일과 동시에 하기 편하다.

2 오랜 시간 작업한다면 쾌적하게 지낼 수 있는 환경을 만든다.

3 빨래의 이동이 최대한 짧아지도록 설계한다.

O씨 집(가나가와현) 설계 / 플랜 박스

세탁과 관련된 집안일을 모두 한 층에서 끝내도록 설계

'집안일 하는 곳을 쾌적하게' 만들기 위해 2층 남쪽에 세탁실을 설계. 빨랫감을 모아두는 세면실과 빨래 건조용 발코니, 옷장이 모두 2층에 있어 무거운 세탁물을 들고 다른 층으로 이동할 일이 없다.

2F

← 세면용 싱크대나 실내 건조 폴 등도 설치. 발코니에서 들어오는 빛과 바람을 느끼며 집안일을 할 수 있다.
↑ 세면실에 세탁기가 없어 공간이 여유롭다. 세면 카운터의 디자인과 소재감도 훌륭하다.

I씨 집(도쿄도) 설계 / 아케노 설계실

물 쓰는 공간을 일렬로 연결해 가사노동 공간을 집약

주방, 세탁기가 있는 유틸리티, 세면실, 욕실을 일렬로 배치. 물을 쓰는 집안일이 모두 이 구역에서 끝나도록 했다. 양방향에서 출입 가능한 회유동선을 만들어 작업이 더욱 수월하다.

1F

← 세탁기 외에 다림질 할 수 있는 카운터를 설치. 안쪽에는 주방이 위치. 미닫이문을 설치해 평소에는 열어둔다.
↑ 손님이 세면실을 쓸 때는 미닫이문을 닫아 세탁기를 가린다.

팬트리, 주방을 깔끔하게 정리

가능한 면적에 따라 배치와 제작 방법을 연구

수납 설계에서 빼놓을 수 없는 것이 팬트리이다. 식품 저장은 물론이고 주방 가전이나 요리책 등 카운터 밑이나 상부장에 넣기 어려운 것도 수납할 수 있다. "펜트리만 있어도 주방이 정리된다", "찬장이 별도로 없어도 된다"며 장점을 실감하는 의견이 많다.

팬트리는 주방 안쪽에 배치하는 경우가 많지만, 면적이 여유있다면 '통로식 팬트리'를 추천한다. 주방과 현관홀, 복도, LD 등을 잇는 회유동선으로 설계하면 쇼핑 후 귀가했을 때 접근성이 좋고 식품 이외의 생활용품 수납에도 편하다. 하지만 사람이 들어갈 수 있을 정도의 공간이 없다면 벽면에 수납공간만 만들어도 식료품 저장고로 충분히 쓸 수 있다. (건축가 고야마 씨)

설계 POINT

1 워크인으로 설계하면 더욱 편리하다.

2 공간이 부족할 땐 벽면 수납공간만으로도 팬트리 역할이 가능.

3 융통성 있게 쓸 수 있도록 내부 구조는 간단하게.

S씨 집(도쿄도) 설계 / 플랜박스
미닫이문을 단 벽면 수납장 덕분에 주방이 깔끔

조리대 옆으로 식기장과 식품고를 겸한 수납공간을 만들어 동선을 편리하게 만들었다. 미닫이문을 설치해 요리를 하거나 정리할 때는 열어둔다.

← 아일랜드 카운터와 일체형 식탁이 DK의 중심. 식기장 등의 수납 가구가 없어 깔끔.
↑ 3장의 미닫이문 중 2장을 열어둔 모습. 전자레인지 등의 가전도 깔끔하게 수납.

H씨 집(야마나시현) 설계 / 플랜박스
통로식 팬트리가 가사노동의 수고를 덜어준다

주방에서도 거실에서도 출입이 가능한 팬트리. 거실에서 주방을 거치지 않고 팬트리를 사용할 수 있어 동선이 짧아졌다. 세탁기도 팬트리 안에 설치해 유틸리티 공간까지 겸하고 있다.

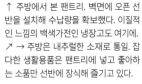

↑ 주방에서 본 팬트리. 벽면에 오픈 선반을 설치해 수납량을 확보했다. 이질적인 느낌의 백색가전인 냉장고도 여기에.
↗ → 주방은 내추럴한 소재로 통일. 잡다한 생활용품은 팬트리에 넣고 좋아하는 소품만 선반에 장식해 즐기고 있다.

슈즈룸, 큰 물건을 수납할 수 있어 활용도 UP

현관이 깔끔해져 집의 첫인상도 밝아졌다

신발만 수납한다면 일반 신발장으로 충분하지만, 의외로 현관에 큰 생활용품을 두는 경우가 많다. 유아차나 카시트 같은 어린이용품, 자전거 공기 주입기와 스포츠용품, 가드닝용품, 본가에서 보내준 흙 묻은 채소 등이 현관에 나와 있지 않아도 된다는 것이 슈즈룸의 인기 요인이다.

닫힌 수납공간으로 만들 수도 있고, 슈즈룸 안을 지나 현관홀로 올라가도록 만드는 방법도 있다. 가족만 쓰는 프라이빗 동선을 만들면 생활감을 감춘 깔끔한 현관을 연출할 수 있다. 이 플랜을 발전시켜 손님용과 가족용으로 현관 2개를 만들고 가족용 현관은 슈즈룸 겸용으로 쓰는 것도 하나의 방안.(건축가 고야마 씨)

설계 POINT

1 생활용품을 수납하는 창고를 겸한다.

2 습기가 차지 않도록 통풍이 잘되는 구조로.

3 '슈즈룸을 통해 출입한다'는 발상도 추천.

O씨 집(가나가와현) 설계 / 플랜박스
가족용과 손님용의 현관을 따로 만들어 상황별로 구분해 사용

데크를 사이에 두고 2개의 현관을 배치. 손님용 현관은 도로에서 진입로로 통하고, 가족용 현관은 차고에서 들어오도록 설계. 가족용 현관은 양쪽 벽면이 모두 수납공간이라 지나가면서 쓸 수 있는 편리한 동선이다.

1F

주차 공간

↑ 손님용 현관. 가족용과 분리되어 있어 내장 디자인이나 소재에 신경 썼다.
→ 가족용 현관은 슈즈룸을 거쳐 출입한다. 채광을 위해 유리문을.

사가에 씨 집(시가현) 설계 / 아틀리에 이하우즈
지나다닐 수 있어 동선이 원활

현관에서 현관홀로 곧장 올라가는 메인 동선 외에 슈즈룸 안을 경유하는 동선으로 설계.
귀가한 가족은 슈즈룸에 신발과 겉옷을 벗어 두고 거실로 향한다. 덕분에 현관홀은 항상 깔끔하다.

1F

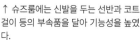

↑ 슈즈룸에는 신발을 두는 선반과 코트걸이 등의 부속품을 달아 기능성을 높였다.
↗ 현관과 이어지는 슈즈룸을 지나 현관홀로 올라가도록 설계
→ 신발장이 없는 깔끔한 현관 벽면에 니치를 설치, 블루 그레이로 포인트를 주었다.

팬트리 · 드레스룸, 작은 집일수록 필요하다

'창고'로 전락하지 않으려면 편리한 곳에 플래닝

팬트리나 드레스룸 등의 대형 수납공간은 이제 빼놓을 수 없는 공간이 되었다. 방마다 수납공간을 만드는 것보다 비용이 적게 들고, 가족의 물건을 한곳에 모으니 가사노동의 수고가 줄어든다.

편리성을 높이려면 넣고 싶은 가구의 크기를 먼저 측정해 거기에 맞춰 벽의 길이를 확보하자. 같은 면적이라도 정사각형보다 직사각형으로 설계하는 것이 면적 낭비가 없다. 한사람 정도 겨우 들어갈 수 있는 어중간한 크기는 면적에 비해 수납량이 적고 불편하므로 만든다면 과감히 3평 정도의 넓이를 할애하는 것이 좋다.

창고로 전락하지 않으려면 누구나 편하게 사용하도록 만들어야 한다. 가족 모두가 쉽게 접근할 수 있는 위치에 설계하자. (건축가 아케노 씨)

설계 POINT

1 가족 모두가 사용하기 좋은 장소에 배치한다.

2 어중간한 넓이가 아닌 나름의 넓이를 확보한다.

3 직사각형으로 플래닝하면 면적에 낭비가 생기지 않는다.

N씨 집(도쿄도) 설계 / FISH & ARCHITECTS

침실 앞 복도 전체를 드레스룸으로

드레스룸을 침실 안이 아니라 밖으로 꺼낸 것이 포인트. 옷을 넣고 뺄 때마다 침실에 들어가지 않아도 되므로 몸치장이나 집안일의 수고를 줄일 수 있다. 하나의 공간이 통로와 수납공간을 겸하므로 면적 낭비도 적다.

↑ 침실은 약 1.5평으로 작게 만들어 침대만 놓았다.
→ 침실 입구에 해당하는 복도의 폭을 약간 넓히고 한쪽 벽면을 모두 수납공간으로. 옷을 한눈에 다 볼 수 있다는 점도 매력.

I씨 집(도쿄도) 설계 / 아케노 설계실

대형 수납공간과 회유 동선의 조합이 성공의 열쇠

직사각형 모양의 팬트리와 드레스룸을 일직선으로 이은 설계. 홀과 침실에 2개의 출입구를 두어 접근성이 좋다. 미닫이문을 열어두면 물건을 든 상태로도 출입할 수 있어 편하다.

→ 드레스룸은 침실과도 연결되어 있어 아침저녁 옷 갈아입기도 편하다.
↘ 복도 왼쪽에 팬트리로 들어가는 입구가 있어 아이에게도 편리한 동선이다.
↓ 면적 낭비가 적은 통로식 팬트리. 안쪽으로 드레스룸이 연결되어 있다. 내부에는 간단한 선반만 설치하고 기성품 서랍 등을 활용.

집 지을 부지가 정해졌다면 이제 가족들의 자유롭고 쾌적한 생활을 구현할 '평면 설계' 단계로 넘어간다.
살수록 편리함과 쾌적함을 누리는 이상적인 집을 위한 '평면 설계의 모범'은 어떤 것이 있을까?
주택 전문 건축가에게 평면 설계를 할 때 고려할 키워드를 물어보았다. 또한 편리한 설계로
이상적인 생활을 하고 있는 세 가족의 집을 소개한다.

살면 살수록 편하다

Part 1

'평면의 정답'을 위한 7가지 키워드

Keyword ❶ 부지 조건

I씨 집

깃대형 부지의 특징을 살린 전망 코너 창

사방이 이웃집으로 둘러싸인 깃대형 부지에서 유일하게 트여있는 부분이 도로로 이어지는 진입로. I씨 집에서는 이 부분을 향해 코너창을 설치하여 LDK 전체의 채광을 확보하였다. 옆집 방향으로는 시선 걱정할 필요 없는 하이사이드 라이트를 설치.

주차공간

DN

발코니

냉

DN ← → DN

LDK

2F

부지의 특징이 평면을 좌우한다. 확실히 파악하라!

어떤 평면의 집에서 어떻게 살 것인지는 부지 선정에서부터 시작된다. 역이나 학교와의 거리와 같은 입지 조건 외에도 부지의 특징을 잘 알고 장점을 살리는 것이 '평면의 정답'을 위한 필수 요소다. 부지의 특징을 파악하기 위해서는 내부뿐 아니라 주변을 산책하거나 항공사진을 보면서 주위 환경을 두루 파악해야 한다.

예컨대 '사방이 집으로 둘러싸여 있지만 이 방향에는 나무가 많은 공원이 있다'는 것을 알게 되었다면 녹음이 보이는 곳에 LD를 배치하거나 큰 창을 내는 등의 평면이 탄생한다. 좀 더 가까운 이웃의 정원에 멋진 나무가 있다면 그 경치를 빌리는(차경) 평면을 만들 수도 있다.

도로와의 연결성과 프라이버시의 밸런스도 중요하다. 외부 시선을 차단하면서도 지나치게 폐쇄적이지 않은 평면이 이상적. 부지 조건을 확실히 파악하여 이웃집이나 도로에서 들여다보이지 않도록 창문을 배치하고 디자인하기, 중정 만드는 법, 가림막이 되는 식재 계획 등 구체적인 플랜을 계획할 수 있다.

Keyword ❷ 예산·비용

스즈키 씨 집

심플한 평면 설계로
2천 만 엔 이내 예산으로 집짓기

2F

1F

스즈키 씨가 선택한 것은 4평 공간 4개를 조합한 '밭전(田)자형 평면'. 건재의 낭비가 가장 적은 4평 단위로 상자형을 조합하면 총 2층이 베이스가 되는 저비용 평면이 완성된다.

군더더기 없는 합리적인 평면으로 비용을 줄이는 게 이상적

예산의 많고 적음에 상관없이 비용 조정을 할 때 중요한 것은 기능, 디자인, 구조의 밸런스. 어느 하나라도 소홀히 하거나 지나치게 고집하지 않고 예산을 균형 있게 배분하는 것이 중요하다.

일반적으로 외벽의 요철이나 실내 구분이 많은 복잡한 평면은 마감 면적이나 창호의 수가 늘어나 공사비가 높아진다. 반면 요철이 없는 상자형의 총 2층 평면이나 구조상 필요한 곳에만 최소한의 벽을 세우는 오픈 평면은 벽과 창호가 적은 만큼 비용을 줄일 수 있다.

또한 평면과 비용의 관계에 큰 영향을 미치는 것이 건축 재료의 사용법이다. 외장재나 내장재 등의 건재에는 '규격'이 있어 제조사가 달라도 사이즈는 거의 통일되어 있다.(수입 건재는 규격이 다른 경우도 있다.)

외관이나 평면을 설계할 때 이 규격에 맞추면 자투리가 남지 않으므로 비용이 절감된다. 단순히 '몇 평 거실'이 아니라 이런 사항까지 고려해 평면을 설계하면 어떨까?

Keyword ❸ 공간의 편안함

사이토 씨 집

천장고에 대담한 차이를 만들어
LD와 방에서 개방감을 만끽

1층, 1.5층, 2층, 2.5층의 4층 스킵 플로어 구조. LDK는 2층에 배치하고 2.5층에 방을 만들었다. 방과 대조되도록 LD에 높은 천장고를 주어 더욱 다이내믹한 느낌이다.

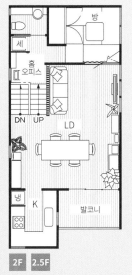

2F 2.5F

결정하는 것은 '오감'. 나에게 편안함이란?

넓이, 높이, 밝기, 어둡기, 전망, 따뜻함, 시원함, 촉감, 소리의 울림 방식 등 공간의 편안함을 결정하는 것은 '오감'이다. 정답이 없겠지만 효과적인 테크닉 몇 가지를 소개한다.

오감 외에 편안함을 주는 것으로 '자리 배치'가 있다. 이를테면 TV, 소파, 창의 관계. 채광을 위해 바닥창을 늘리면 소파 놓을 자리가 애매해지고, 소파와 TV 사이로 동선이 지나가면 편안히 쉬려고 할 때 가족이 눈앞을 왔다 갔다 하게 된다. 평면을 생각할 때는 가구 배치를 먼저 정하고 창은 거기에 맞춰 계획하는 게 좋다.

또 하나는 천장고. 처음에는 높은 천장고의 개방감을 느끼지만 익숙해지면 크게 와 닿지 않는다. 높은 천장의 개방감을 오랫동안 즐기는 비결은 같은 공간 안에 낮은 천장을 만드는 것이다.

비교 대상을 만들면 높은 부분이 더 높게 느껴지고 감각을 자극해서 쉽사리 익숙해지지 않는다. 밝기도 마찬가지. 밝은 장소와 어두운 장소를 적절히 배분해야 밝기를 더 강하게 실감할 수 있다.

Keyword ❹ 집안일·생활 습관

시미즈 씨 집

가족의 생활 동선에 맞춰
현관과 욕실 사이에 수납공간을 플랜

외출 전, 귀가 후, 목욕할 때 옷을 갈아입는 것을 상정하고 시미즈 씨는 현관과 드레스룸을 연결하고 그 앞에 욕실을 배치했다. 아침에도 저녁에도 생활 동선이 짧아 편리하다.

살기 편한 집을 만들기 위해 가족의 행동 패턴을 살핀다

요리와 배식, 뒷정리, 세탁, 수납 등 집안일에는 자기만의 자연스러운 동선이 있게 마련이다. 그것을 평면에 반영시키면 가사 부담을 줄일 수 있다.

특히 중요한 것은 수도 관련 계획. 주방을 오픈형으로 할지 독립형으로 할지, 세탁기는 어디에 둘지, 빨래는 어디에서 건조하고 어디에 수납 정리할지 등에 따라 입주 후의 가사 동선이 크게 달라진다.

의외로 둔감한 부분이 주방의 위치. 예컨대 아침에 일어나면 주방으로 직행해 물을 끓이고 세수하고, 침실이나 아이방에 가족들을 깨우러 가는 사람이라면 침실~주방~세면실의 거리가 짧아야 편리하다. 특히 바쁜 아침 매일의 습관과 관련된 일이므로 평면에 따라 큰 차이가 생긴다.

조명 스위치나 콘센트 위치도 생활 동선에 많은 영향을 미친다. 어디서 켜고 어디서 끌지, 어디서 가전제품을 쓸지 그려보고 행동 패턴에 따라 계획하는 것이 가장 좋다. 다만 조명 스위치가 너무 많으면 오히려 번잡하다. 적당한 편리함이 필요하다.

Keyword ❺ 커뮤니케이션

아오야기 씨 집

부부가 각자 쉴 수 있는
LD 분리 플랜

맞벌이인 아오야기 씨는 거실과 다이닝룸에 거리를 둔 평면 설계를 하였다.
퇴근 시간이 다를 경우, 한 사람은 식사를 하는 사이에 배우자가 TV나 영화를 보면서 편하게 쉴 수 있도록 배려하였다.

가족 간의 관계, 손님과의 관계를 고려해 지내기 편한 평면으로

'가족 간의 커뮤니케이션'이라고 하면 흔히 부모와 자녀 사이를 떠올리지만 부부간의 커뮤니케이션도 중요하다. 특히 맞벌이 가정의 경우 식사나 취침 등의 생활 시간대가 달라도 불편하지 않도록 평면 설계를 하는 것이 필요하다. 예컨대 밤늦게 귀가했을 때 배우자를 깨우지 않도록 드레스룸을 침실이 아니라 복도에 설치하면 스트레스를 줄일 수 있다.

가정마다 손님 접대법은 다르기 마련이다. 가족 간 교류가 많은 집에는 오픈 주방이나 일체형 LD가 적합하지만, 친구들과 자주 모여 차를 마시거나 원데이 강좌를 여는 경우라면 거실과 다이닝룸을 분리하는 등 다른 가족이 불편 없이 지낼 수 있는 공간을 설계하는 방법도 있다.

거실과 다이닝룸을 분리한 평면은 게스트룸이 없는 집에서도 유용하다. 손님이 거실에 묵으면 다음 날 아침 식사를 준비할 때도 여유가 생긴다. 자고 가는 손님이 많지 않다면 게스트룸보다는 거실과 다이닝룸을 분리하는 평면을 검토해 보자.

Keyword ❻ 취미·오락

S씨 집

현관 토방을 아틀리에 겸용으로
공간 절약으로 취미 공간을

S씨의 취미는 도예. 흙을 만지는 작업공간 외에도 가마와 물을 쓸 공간이 필요했다. 별도로 아틀리에를 만들려면 예산과 공간이 필요하므로 현관의 콘크리트 바닥을 넓혀 작업장을 겸하고 있다. 바닥창을 통해 빛이 들어와 쾌적하다.

1F

전용 공간을 만들면 생활이 더욱 즐겁다

수공예나 그림을 좋아한다면 아틀리에, 자동차나 오토바이를 좋아한다면 차고 등 새 집에서 취미를 즐길 공간을 꿈꾸는 이들이 많다. 가족의 동의를 얻어 면적에 여유가 있다면 실현해 보자. 생활이 더욱 풍요로워진다.

취미실의 가장 큰 장점은 하던 작업을 그대로 둬도 된다는 것. 식탁에서 작업을 할 경우 식사 때마다 정리해야 하지만, 전용 공간이 있으면 그대로 두었다가 다음날 이어서 작업할 수 있다. 도구를 많이 사용하는 취미는 작업 공간 외에 수납공간도 필요하다. 어느 정도의 도구를 보관해야 하는지 파악한 후 계획을 세우자.

별도의 취미·오락실을 만들 여유가 없다면 복도나 계단홀, 현관 등을 조금 넓게 설계하고 그 한쪽을 취미 공간으로 활용할 수도 있다. 카운터와 선반을 설치하고 돌출벽 등으로 간단히 가림막을 설치하면 취미실로 충분하다. 단, 밝기나 더위, 추위에 대한 배려가 필요하다. 공간이 쾌적하지 않으면 도구 보관소로 전락하고 작업은 결국 거실에서 하게 된다.

Keyword ❼ 가변성

T씨 집

트인 공간에 벽이나 창호를 추가해
독립된 방으로

넓은 공간에 복도와 경계는 붙박이 책장뿐이다. T씨는 현재 이 넓은 공간을 아이방으로 쓰고 있지만, 아이가 더 자라면 책장 좌우로 미닫이문을 설치하고, 가운데 벽을 세워 2개의 방으로 만들 계획이다.

필요할 때 변경 가능한 공간. 현재 생활도 소중하게

'가변성'이란 미래의 가족 구성이나 생활 변화에 따라 평면을 바꿀 수 있도록 만든다는 개념이다. 아이들 수에 맞춰 칸막이를 할 수 있는 아이방이 그 예이다.

건축주의 연령대에 따라 가변성의 범위는 달라진다. 20~30대의 젊은 부부라면 자녀의 수나 성장을 고려한 평면이 많고, 40~50대 부부라면 연로한 부모님을 모시거나 자신들의 노후 생활이 테마가 된다. 10년 후 본인의 나이와 어떤 가족 구성으로 생활을 할 것인가에 따라 평면의 정답이 다양해지는 셈.

고민이라면 어디까지 가정하고 준비할 것인가이다. 보험을 너무 많이 들어 현재의 생활이 불편해진다면 주객전도다. '필요할 때 변경 가능한' 정도의 평면을 추천한다.

이를테면 거실 한쪽을 여유있게 만들어 나중에 부모님을 모시게 되면 칸막이를 해서 방으로 만든다거나, LD를 보이드로 만들어 두었다가 집이 비좁아지면 바닥을 깔아 방으로 만드는 식이다. 지금의 생활을 즐기다가 필요해지면 부담 없이 바꿀 수 있는 그런 가변성을 추구하자.

살면 살수록 편하다

Part 2

키워드를 적용한 '평면의 정답'을 보여주는 집

집짓기에서 가장 먼저 생각해야 할 것은 '집을 짓는 목적'을 명확히 하는 것이다. 누구를 위해, 어떤 집을 짓는가. 여기서는 꿈에 그리던 집을 짓게 된 세 집을 7가지 키워드에 따라 소개한다.

CASE 1

지형의 고저차를 활용하여 공간의 변화를 즐긴다

M씨 (도쿄도)
부부와 큰딸(17세), 작은딸(13세)이 사는 4인 가족. 잡지에서 건축가 아케노 씨의 집을 보고 심플하면서도 자연스러운 분위기가 마음에 들어 의뢰하였다고 한다.

→ 북쪽 외관. 크고 작은 채광용 창이 많아 외관이 어지럽지 않게 목제 루버를 설치.
↘ 도로 쪽의 격자문을 열면 정원으로 이어지는 통로식 토방. 도중에 현관이 있다.
↓ 신발 수납은 계단 아래를 활용.

Keyword
부지 조건 / 커뮤니케이션

B1F 현관홀
용적률에 포함되지 않는 지하층에 넓은 현관홀을 설계. 화장실과 미닫이문을 설치해 손님이 묵을 때는 게스트룸으로 활용.

Plan

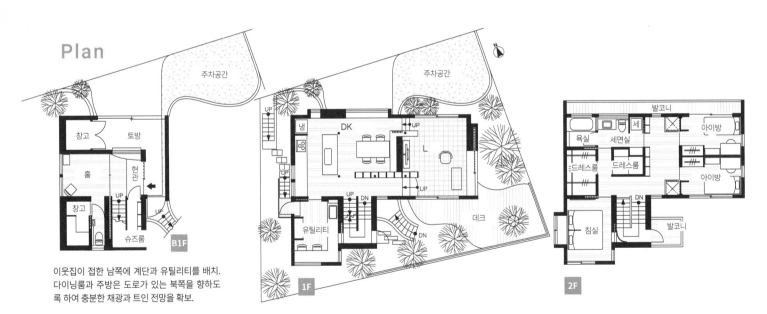

이웃집이 접한 남쪽에 계단과 유틸리티를 배치. 다이닝룸과 주방은 도로가 있는 북쪽을 향하도록 하여 충분한 채광과 트인 전망을 확보.

거리와 조화를 이루는 심플한 외관. 나무 격자문을 열고 토방을 지나 계단을 오르면 정원이 펼쳐진다.

"우리가 구입한 땅은 부지 내에 단차가 있는 북쪽 도로였어요. 일반적으로 불리한 조건이지만 밝음과 어두움이 적절히 섞여 있고 공간에 변화가 있는 평면을 원해서 이 부지의 장점을 활용하기로 했어요."라는 M씨.

고저차로 인해 도로에 면한 곳이 지하 1층, 정원과 LDK는 1층, 방과 욕실이 2층에 있는 3층 집으로 설계하였다. 거실과 DK 사이는 몇 계단의 단차가 있는 스킵 플로어 플랜을 선택하였다.

"1층을 문이나 벽으로 막지 않아서 공간 자체는 원룸 형식이죠. 그 자연스러운 연결이 마음에 들어요."

층마다 용도를 구분한 것도 편리한 점. "1층은 가족이 모이는 공용 공간. 2층은 씻고 세탁 관련 집안일을 하고, 잠을 자는 개인적 공간이에요. 주방과 세면실처럼 가족이 함께 쓰는 곳은 회유동선으로 만들어 생활이 편해졌어요."

Keyword
공간의 편안함

벤치와 창가 자리를 조합한 인상적인 코너. 창호는 목재 창틀로 제작해 전면 개방할 수 있도록 했다. 아름다운 정원의 풍광을 거실에서 편안하게 즐길 수 있다.

1F 거실

거실에서 데크로 자연스럽게 이어지도록 하였다. 거실 바닥을 타일로 마감하여 토방 같은 느낌이 나면서 야외와의 일체감도 높아졌다. 겨울철 난방을 위해 거실은 바닥 난방을 설치.

Keyword
공간의 편안함

거실과 단차를 둔 다이닝룸은 마루 바닥재를 깔았다. 문 없어서 오가기 편하고 넓게 느껴진다. 천장에 보이는 사각형 구멍은 보이드. 2층 홀로 통한다.

Keyword
공간의 편안함 /
취미 · 오락실

규조토로 마감한 벽 양쪽은 거실
과 연결되는 다이닝룸. 계단홀과도
이어지는데, 어수선한 분위기가 되
지 않도록 오픈형 책장을 두었다.

1F DK
주방 카운터는 아일랜드형으로.
"회유동선이라 작업하기 편하고
조리 공간도 넉넉해요." 도로 쪽
창은 허리 높이의 출창으로 설계
하여 외부의 시선을 차단하였다.

Keyword
집안일 · 생활 습관

나라재 수납문과 스테인리스를 조
합한 심플한 주방. 나라재는 다이
닝룸의 책장과 같은 소재이다. 정
면의 미닫이문 안쪽은 유틸리티.

1F 유틸리티
"주방 일을 하다가 잠시 책을 읽
거나 강아지를 돌보기도 해요.
주방 옆에 유틸리티 공간을 만든
게 정답이었어요." 이 공간에는
정원으로 연결된 뒷문과 간이 주
방도 설치했다.

2F 홀

Keyword
취미 · 오락실

1층 다이닝룸과 2층 복도에 큰 책장을 설치. "두 딸이 책읽기를 좋아해서 아이방에도 책장을 만들었어요. 앞으로 책이 더 늘어날 것 같아요."

Keyword
커뮤니케이션

1층과 2층을 잇는 계단홀에는 미닫이문을 단 2개의 실내창이 있다. 가족의 귀가를 알 수 있도록 배려한 것. 위쪽 창은 침실, 아래쪽 창은 유틸리티로 연결된다.

2F 아이방

두 아이의 방은 옷장과 가구의 배치를 똑같이 했다. 분리되어 있지만 벽의 윗부분을 터서 서로 소통할 수 있도록 했다.

Keyword
공간의 편안함

2F 세면실 · 욕실

창문 높이와 디자인이 포인트. 눈높이를 피해 위와 아래쪽에 가로로 긴 창을 달아 외부의 시선을 차단하면서 채광은 확보했다. 흰색 타일로 더욱 밝게.

Keyword
집안일 · 생활 습관

아이방과 침실 양쪽에서 드나들 수 있는 세면실. 통로에는 수납공간을 만들었고, 침실 쪽은 좌우에 옷장을 설치해 옷 갈아입으러 가는 수고를 최소화.

[설계 포인트]

아케노 다케시 씨, 미사코 씨(아케노 건축사 사무소)

1층과 2층에 더해 용적률에 포함되지 않는 지하층을 만들어 주거 공간이 넓어졌다. 부지의 고저차 덕분에 지하층이 생기면서 1층은 오히려 도로면보다 한 층이 높아져 외부 시선에 신경 쓰지 않아도 된다.

거실 설계에서는 남쪽의 직사광선이 아닌 북쪽의 부드러운 빛을 활용했다. '북향집은 어둡다'라고 생각하기 쉽지만 창의 설치 방법에 따라 너무 눈부시지도 않고, 너무 덥지도 않은 아늑한 분위기의 집을 만들 수 있다.

▶ DATA

가족 구성 : 부부 + 자녀 2명
부지 면적 : 177.02㎡(53.55평)
건축 면적 : 69.18㎡(20.93평)
연면적 : 163.75㎡(49.53평)
　　　　 B1F 40.43㎡ + 1F 62.49㎡ + 2F 60.83㎡
구조 및 공법 : 지하 RC조, 지상 목조 2층 건물
　　　　 (축조 공법)
설계 : 아케노 건축사 사무소 tm-akeno.com
구조설계 : 나가타 구조설계 사무소
시공 : 와타나베 기건

▶ 주요 사양

바닥 **1층 거실** : 타일(나고야 모자이크 공업)
　　　욕실 : 나라 원목재 플로어링, **현관 포치** : 콘크리트 흙손 마감
벽 **1층, 2층** : 내추럴페인트(차프월), **다이닝룸 일부, 계단홀** : 규조토
　　드레스룸, 창고 : 시나합판 무도장
급탕 가스 급탕기 〈에코조즈〉
주방 제작, 레인지후드 〈파나소닉〉 에코시스템즈, **수전금구** 〈그로헤〉
욕실 〈TOTO〉 하프 유닛
세면 제작, 세면볼, **수전금구** 〈가쿠다이〉
화장실 〈TOTO〉 네오레스트
새시 복층 유리 새시 〈LIXIL〉, 일부 제작품 목제 창호(복층 유리)
현관문 제작품 목제 창호
지붕 강판 기와 지붕
외벽 **지하 1층** : 노출 콘크리트
　　　1층, 2층 : 모르타르리싱 보이드 · 삼나무 패널 부착 OS(오스모)
단열 방법 · 재질 내단열·글라스울 + 페놀폼

CASE 2

'개방감, 전망, 가족 간의 유대감' 보이드로 이 모든 것이 가능

T씨 (이바라키현)
회사원 남편과 플로리스트 아내, 5세 아들이 사는 3인 가족. 집안 곳곳에 부인의 손길이 닿아있다.

Keyword
예산 · 비용
외관 디자인과 마감을 심플하게 하여 비용을 줄이고, 평소 원했던 실내 원목 바닥재에 예산을 썼다. 화단과 침목을 사용한 외부 구조는 DIY로.

1F DK
건축가 가메야 씨의 집을 보고 아일랜드 카운터와 식탁을 나란히 배치. "편한 상차림과 빠른 뒷정리를 원한다면 이게 정답이에요."

Keyword
부지 조건
높은 층고를 활용해 거실의 바닥창과 하이사이드 라이트(고창)를 설치. 넓은 하늘과 자연풍광까지 한눈에 볼 수 있다. 천혜의 입지를 살렸다. 지붕을 따라 만든 경사진 천장이 개방감을 높이는 데 기여.

1F 방
Keyword
커뮤니케이션
'노후를 생각해서' 만든 공간. 칸막이가 없이 LDK와 이어지도록 설계했다. 주방에 있어도 아이가 노는 모습을 볼 수 있다.

T씨 부부는 친정집 부지 안에 집을 지었다. 한가로운 전원 풍경이 펼쳐지는 자연이 풍요로운 곳이라 선택했다고.

"손님들이 거실에 들어서면 넓다고 놀라요. LDK 전부 합쳐 9평 정도인데 훨씬 넓게 느끼는 거죠." 이는 머리 위로 펼쳐지는 널찍한 보이드와 큰 거실창, 고창 덕분이다.

"예산이 1,000만 엔대라서 큰 집은 바라지도 않았어요. 하지만 넓게 느껴지는 밝은 집을 희망했기에 평면 설계에서 최우선한 것이 보이드였죠."

큰 하이사이드 라이트(고창)를 설치한 보이드는 개방감은 물론이고 채광과 전망도 탁월하다. 또한 1층과 2층을 하나의 공간처럼 이어주는 역할도 한다. 특히 아이방은 보이드와의 사이에 칸막이벽이 없는 개방된 구조. 층은 달라도 서로의 인기척이 들려 LDK와 원룸 같은 느낌으로 생활하고 있다.

평면 설계에서 또 하나 고려한 것은 친정과의 자연스러운 관계. 같은 부지 안에 사는 부모님과 서로 볼 수 있도록 각 층마다 친정 방향으로 큰 창을 냈다.

"불빛이나 부모님 그림자만 보여도 안심 돼요. 아이가 매일 오가니 '조금 떨어진 2세대 주택'인 셈이죠." 할아버지 할머니와 가까이 사는 것이 육아에도 이상적이라고 한다.

Plan

2F

1F

예산에 맞춰 바닥 면적 28평의 작은 집으로. 요철이 없는 총 2층 플랜으로 비용을 더욱 줄였다. 1층은 거의 원룸. 2층의 방도 보이드를 둘러싸듯 배치해 연결성을 강조.

1F 거실
Keyword
공간의 편안함 / 커뮤니케이션

고창을 통해 들어온 빛이 보이드의 흰 벽에 반사되
어 1층의 LDK 전체가 밝고 자유로운 분위기. 남편이
서 있는 곳은 아이방. 거실의 연장선 같은 느낌으로
지낼 수 있다.

2F 아이방   Keyword
예산·비용 / 커뮤니케이션 / 가변성

↑ 아이방의 보이드 쪽에는 난간만 설치. 아이의 인기척이 들리고 창밖의 전망도 즐길 수 있다.
↖ 계단홀과 방 사이에 문이나 칸막이벽이 없다. 아이가 자라면 내림벽을 따라 방을 만들 계획이다.
수납은 붙박이장보다 아이의 성장에 맞추기 쉬운 기성 가구를 활용하고 있다.

2F 침실

Keyword
예산·비용 / 가변성

침실 바닥은 다크 브라운으로 안정감을 연출. 드레스룸 안에는 책상을 두고 서재코너로 활용하는데, 따로 공간을 만드는 것보다 비용이 적게 든다.

2F 세면실·욕실

Keyword
공간의 편안함 / 집안일·생활 습관

침실과 아이방, 세면실·욕실을 같은 층에 배치. "세탁기와 건조 발코니, 드레스룸이 모두 2층에 있어 편리해요." 욕실에는 전망 좋은 창이 있어 채광도 탁월하다.

2F 홀

Keyword
커뮤니케이션

창문으로 아내의 친정집이 보인다. 오가며 자연스럽게 집이 보이도록 아이디어를 낸 것. 계단홀의 채광창 역할도 한다.

1F 주방

1F 현관홀

현관이 밝아보이게 슬릿이 있는 문을 선택했다. 신발장은 심플하고 합리적인 가격의 'DAIKEN' 제품. 카운터 위에는 웰컴 플라워 장식.

1F 화장실

Keyword
예산 · 비용

배관과 설비 등 비용이 많이 드는 욕실과 세면실, 화장실은 하나만 만들어 예산을 조정했다. 아내가 직접 고른 진남색 세면볼이 포인트.

Keyword
커뮤니케이션

주방 앞으로 2층 계단을 배치하여 아이가 오가는 모습을 볼 수 있도록 했다. 친정집 정원과 건물이 보이는 큰 창을 만들어 주방이 더욱 밝고 넓게 느껴진다.

설계 포인트

가메야 미쓰히로 씨(FCD 건축사 사무소)

작은 집이어도 넓은 개방감을 느낄 수 있다는 것이 보이드의 장점. 생활공간을 입체적으로 만들면 올려다보거나 내려다보는 등 시선에 움직임이 생기는 것도 재미난 효과다.
보이드 플랜을 성공시키는 비결은 '공간의 연결'을 중시하는 것. 보이드와 접해 오픈된 방을 만들면 집 전체가 원룸 같은 공간이 된다. 독립되어 있지만 소리나 인기척을 느낄 수 있어 프라이버시 밸런스도 뛰어나다.

DATA

가족 구성 : 부부 + 자녀 1명
부지 면적 : 496.38㎡ (150.15평)
건축 면적 : 49.68㎡ (15.03평)
연면적 : 91.91㎡(27.80평) 1F 49.68㎡ + 2F 42.23㎡
구조 및 공법 : 목조 2층 건물(축조 공법)
설계 : FCD 건축사 사무소 (가메야 미쓰히로)
　　　www.fcd-tsukuba.com
시공 : 시노야 목재공업(오니자와 카즈히로)
　　　www.sinoya.co.jp

주요 사양

바닥 **1층** : 나라 원목재 플로어링(밀납 왁싱)
　　2층 : 〈DAIKEN〉 합판 플로어링, **화장실·욕실** : 쿠션 플로어(토리)
　　현관 포치 : 모르타르 쇠흙손 마감
벽 **1층, 2층** : 〈산게츠〉 비닐 벽지
급탕 가스 급탕기 〈린나이〉
주방 CRASSO(TOTO), 레인지후드 〈TOTO〉 슈퍼 클린 센터 후드,
　　수전금구 〈TOTO〉 샤워형 수전
욕실 〈TOTO〉 유닛 배스
세면 〈TOTO〉 SK106(TOTO), 수전금구 〈TOTO〉 TKC31R
화장실 〈TOTO〉 네오레스트
새시 복층 유리 새시 〈YKK AP〉
현관문 〈YKK AP〉 Venato
지붕 갈바륨 강판
외벽 세라믹 사이딩
단열 방법 · 재질 내단열 · 글래스울

CASE 3

작지만 개방적이고 다양한 공간을 갖춘 평면 설계

모리타 씨 (가나가와현)

회사 사택을 떠나 가나가와 현에서 집짓기를 계획. 바다가 가깝고 녹음이 우 거진 환경이 '육아에 안성맞춤!'이라 마음에 들었고 과감히 이주를 결정했다.

도로와 접한 부지에 넉넉한 주차 공간을 확보하고 안쪽에 건물 을 배치. 현관 앞에는 진입로를 겸한 데크를 설치. 현관 옆의 창 고는 창호의 목재틀 장식과 같은 질감으로 소박한 인상이다.

2F LDK

로프트

Keyword
가변성

주방 위로 브릿지 형태의 로프트를 설치. "아이들이 자라면 이곳 의 바닥을 넓혀 방을 만들 예정입니다." 현재는 아이들이 좋아하 는 놀이 공간이다.

Plan

전체 플랜은 요철이 거의 없는 박스 형태의 2 층. 전망이 뛰어난 2층에 공용 공간을 배치하 고, 유일하게 돌출된 썬룸 부분은 현관 차양 을 겸하고 있다.

Keyword
부지 조건 / 공간의 편안함

2층은 건물의 길이를 최대한 활용하여 원룸 공간으 로. 시야를 가리는 것 없이 트여있어 실제 면적보다 넓게 느껴진다. 내장재도 자연 소재를 선택하여 편안 함을 더했다.

2F 다이닝룸과 홈오피스

Keyword
공간의 편안함

거실 일부에 바닥 타일을 깔고 벽과 경사 천장에 원목 삼나무재를 시공하여 썬룸으로 활용하고 있다. 같은 공간이지만 완전 다른 분위기를 즐길 수 있다.

2F 다다미 공간

Keyword
공간의 편안함 / 취미 · 재미

거실의 또 다른 면. "평상형 다다미 공간은 아담하고 아늑한 선술집 같아 어른들이 좋아해요. 친구들이 예약할 정도예요(웃음)." 사다리 위쪽은 로프트.

Keyword
공간의 편안함 / 취미 · 재미

또 하나의 방은 다이닝룸 바로 옆. 벽면을 따라 호리코타츠풍의 카운터를 만들어 온 가족이 놀거나 공부하며 지낼 수 있도록 했다. 주방에서도 보여 마음이 놓인다.

생애 첫 집을 짓기 위해 많은 평면 설계를 검토했다는 모리타 씨. 최종적으로 선택한 것은 군더더기 없이 콤팩트하지만 다양한 공간을 채워 넣은 플랜이었다.

"처음에는 부지 전체에 건물을 짓고 가운데 중정을 두는 ㄷ자형 평면이었어요. 복도가 길어지면서 가사 동선과 생활 동선도 길어지는 게 마음에 걸렸어요. 평면이 복잡해지면 건축비도 올라갈 테고. 그래서 과감히 바닥 면적을 줄이고 부지 정중앙에 심플한 집을 짓기로 했어요."

중정을 대신해 부지의 남쪽과 북쪽으로 펼쳐지는 자연 전망을 즐기고, 2층 전체를 원룸 형식의 LDK로 만들어 플로어 양

끝에서 먼 산을 바라볼 수 있게 했다. LDK에는 방과 홈오피스, 썬룸, 널찍한 발코니 외에도 브릿지 형태의 로프트까지 플랜. 넓지는 않지만 다양한 공간이 이어지는 공용 공간이 완성되었다.

"1층도 복도 같은 데드스페이스를 최소화해 집안일 동선이 편해요. 귀가 후 옷 갈아입기도 편해서 작은 집의 장점을 실감하고 있어요. 건물이 작은 만큼 1층 데크는 언젠가 방으로 만들 수 있도록 증축도 염두에 두고 있어요. 하지만 워낙 편안한 공간이라 당분간은 이대로 쓸 생각이에요."

1F 방

Keyword
공간의 편안함 / 집안일 · 생활 습관

침실은 키높이를 낮춘 바닥창과 압박감 없는 벽장을 설치해 안정감을 더했다.

2F DK

Keyword
커뮤니케이션

계단을 올라가면 바로 앞에 주방이 나온다. 여기서 가족이나 손님을 맞는 플랜이다. "테이블과 카운터가 일체형이라 고립감이 없어 마음에 들어요."

2F 데크

Keyword
예산 · 비용 / 가변성

"아이들의 놀이터로, 바비큐 파티장으로, 기대 이상으로 활약하고 있어요." 지붕이 있어 실내처럼 지낼 수 있지만, 방으로 만드는 것보다 비용이 저렴하다. 언젠가 증축도 할 수 있다.

2F 주방

Keyword
집안일 · 생활 습관

싱크대와 조리대를 11자 형으로 만들어 돌아서면 필요한 것을 찾을 수 있다. "가스레인지 앞의 벽을 벽돌로 마감하여 기름이 튀어도 스며드니까 걱정 없어요."

2F 발코니

Keyword
부지 조건

풍부한 자연을 만끽할 수 있는 발코니. 옆집 시선을 신경 쓰지 않고 먼 산의 녹음을 바라볼 수 있도록 난간의 높이를 설정했다. DK와 연결되어 있어 야외 식사에도 안성맞춤.

1F 현관

1F 아이방

Keyword
예산 · 비용 / 가변성

아이방은 오픈 구조로 만들어 칸막이에 드는 비용을 없앴다. 자유롭게 사용할 수 있는 유연성도 매력이다. 아이들에게는 현관홀과 계단까지도 놀이터가 된다.

Keyword
집안일 · 생활 습관

현관 팬트리를 가림벽으로 양분해 앞쪽은 손님용, 안쪽은 가족용으로 구성. "오픈 선반은 신발을 넣고 빼기 편하고, 현관이 아이 신발로 가득할 일이 없어요."

1F 드레스룸

1F 세면실

1F 화장실

Keyword
집안일 · 생활 습관

드레스룸은 세면실 맞은편에 두어 남편이 퇴근 후 세면실에 들어가 옷을 갈아입고 빨래를 세탁기에 넣고 옷장에 양복을 넣은 후 2층으로. 이 동선이 짧아서 편리하다고 한다.

화장실이 함께 있는 세면실. 외부의 시선이 닿지 않는 높이에 창을 배치해 채광을 확보했다. 세면대는 디자인과 질감을 고려해 대리석 타일을 부착했다.

Keyword
예산 · 비용

2층에는 화장실을 설치하지 않고 1층 한 곳에만. 설비비와 공사비를 줄일 수 있고 LDK와 분리되어 있어 오히려 편하게 사용할 수 있다. 세면실과 사이에 문도 생략해 비용 절감.

설계 포인트

고야마 가즈코 씨, 와쿠이 다쓰오 씨
(플랜박스 건축사 사무소)

평면을 설계할 때 중요한 것은 '유연성'. 처음부터 최대한의 넓이와 사양으로 설계할 것이 아니라, 필요에 맞춰 만들어 간다는 자세로 임하면 예산을 효과적으로 쓴 군더더기 없는 집이 된다. 모리타 씨 집도 아이들이 자라서 비좁아지면 1층 데크를 증축하거나 2층 로프트에 바닥을 깔아 방으로 만들 수 있다. 당분간 쓸 예정도 없는 예비실을 만들기보다는 그만큼의 예산이나 면적을 '지금의 풍요로운 삶'에 활용해 보자.

DATA

가족 구성 : 부부 + 자녀 2명
부지 면적 : 167.00㎡(50.52평)
건축 면적 : 55.25㎡(16.71평)
연면적 : 89.42㎡(27.05평) 1F 44.71㎡ + 2F 44.71㎡
구조 및 공법 : 목조 2층 건물 (축조 공법)
본체 공사비 : 약 2,000만 엔
3.3㎡ 단가 : 약 74만 엔
설계 : 플랜박스 건축사 사무소
   (고야마 가즈코, 와쿠이 다쓰오)
   www.mmjp.or.jp/p-box
시공 : 가와바타 건설

주요 사양

바닥 **1층, 2층** : 파인재 원목
   2층 썬룸 : 석재·안티카 트라벨티노(antica travertino)(ADVAN)
   현관 바닥 : 파인 텀블스톤
벽 **1층, 2층** : 규조토
급탕 가스 급탕기(노리츠)
주방 제작, 레인지후드 〈후지공업〉
   수전금구 〈Leland 베네치안 브론즈(DELTA)〉
욕실 〈TOTO〉 SAZANA HD T 타입
세면 제작, 세면볼 : 시공주 지급
   수전금구 〈DELTA〉 Linden 샴페인 브론즈
화장실 〈TOTO〉 GG1 타입
새시 〈LIXIL〉 듀오 PG 화이트
현관문 철제 도어
지붕 〈케이뮤〉 콜로니얼 웨더드 그린
외벽 〈아이카공업〉 졸리코트
단열방법 · 재질 분무 충전 · 아쿠아폼

햇살 가득 바람 솔솔 기분 좋은 집

집을 지을 때 가장 신경 써야 할 것은 '모두가 편안한 공간'이다. 그러기 위해서는 충분한 채광과
통풍을 확보하고, 가족의 생활에 맞게 균형 있는 평면이 설계되어야 한다.
부지 조건을 고려해 완성한 독특하고 멋진 세 집의 사례를 통해 주택 전문 건축가가 생각하는
편안한 집짓기는 어떤 것인지를 알아보자.

01

통로식 토방과 루프 발코니가 주인공인 집

혼다 씨 (도쿄도)

광고 디자이너인 남편과 라이프
스타일 숍에서 일했던 아내는 취
미가 다양하고 센스가 뛰어나다.
세 자녀와 사는 5인 가족이다.

실외의 쾌적함을 집안 가득 담다

통로식 토방으로는 바람이 솔솔 불어오고, 활짝 연 현관 미닫
이문을 통해 기분 좋은 햇살이 가득한 혼다 씨 집. 풍부한 자
연을 집안으로 끌어들인 아이디어가 가득하다.

　가장 인상적인 것은 전면의 개방적인 현관. "시골에서 자랐
기 때문에 툇마루를 통해 출입하는 생활에 익숙해요. 게다가
현관은 꼭 필요할까?라는 생각도 있었어요.(웃음) 건축가와 상
담을 통해 현관인 듯 툇마루 같은, 외부와 자연스레 이어지는
출입문이 생겼어요."라며 활짝 웃는 남편.

　집을 지을 때 꼭 필요한 것과 그렇지 않은 것이 분명한 혼다

씨 부부에게 '큰 방'과 '개방감'은 절대 양보할 수 없었다고 한
다. 뉴욕의 로프트나 차고 같은 집을 동경하는 남편은 "최대한
칸막이가 없는 원룸에 가까운 형태로 '여기는 무슨 방'이라고
정하지 않고 자유롭게 사는 것이 꿈이었어요. 토방에서 바깥
으로 이어지는 넓은 LDK로 그 꿈을 이루었죠."

　밝고 개방적인 집에 대찬성이던 부인도 "아이들은 무슨 방
이든 상관없이 놀고 싶은 곳에서 놀고, 졸리면 어디서든 자버
려요.(웃음) 요즘엔 큰딸이 토방에 작은 상과 책장을 가지고
와서 숙제나 만들기를 해요. 그곳이 아주 마음에 드나 봐요."

1F 토방 & LDK
1층은 토방과 LDK로만. 자연 소재로 만든 내추럴한 공간이 하나로 이어져 개방적. 회벽은 친구의 도움을 받아 직접 칠했다.

집안 전체에 바람을 전하는 통로식 토방

1F 테라스
현관 앞의 넓은 테라스는 장난기 가득한 아들에게 환상의 놀이터. LDK에서 집안일을 하는 엄마가 유리문 너머로 볼 수 있어 안심이다. "여름철 바비큐도 즐거워요."

현관을 겸하는 토방은 가족과 빛, 바람도 기분 좋게 초대할 수 있는 공간

1F 토방
남편이 원했던 툇마루 생활을 가족과 함께 만끽 중! 현관은 미닫이로 전면 개방되므로 테라스, 토방, LDK가 하나로 연결된다.

가림막 없이 넓게 트인 이곳이
집의 중심

1F LDK
(상) 개방감 있는 LDK. 큰 개구부 맞은편에 작은 창을 설치해 통풍도 하고 햇빛도 들어온다. (우) "요리하는 중에도 밖이 보이니 기분 좋아요." (좌) 거실은 주방과 조화를 이루도록 깔끔하게 마감했고, 오픈 선반에 생활 도구를 진열해 적당한 생활감을 포인트로 만들었다.

혼다 씨의 집짓기 프로젝트는 10년도 훨씬 전에 우연히 본 잡지에서 시작되었다. 미혼이었고 집 지을 계획도 없었던 당시, 서점에서 발견한 주택 잡지의 표지에서 눈을 뗄 수 없었다고 한다.

"중앙의 넓은 데크가 모든 방과 연결되어 있고, 텐트 지붕이 있고, 아무튼 개방적이고 편안해 보였어요. 집을 지으면 이런 생활도 가능하구나! 라고 감탄했어요."

결혼 후 집을 짓기로 하고 '그때 그 집을 설계한 건축가가 지어줬으면 좋겠다!'는 생각에 망설임 없이 아틀리에 SORA의 이우치 키요시 씨에게 의뢰하였다.

"기대했던 대로, 어쩜 기대치를 훨씬 넘어 재미있고 기분 좋은 아이디어를 제안해 주셔서 정말 감동했어요."

통로식 토방도 그런 아이디어 중 하나. '이왕이면 넓고 방 같은 토방을 만들고 싶다!'고 요청했다. 콘크리트 바닥을 욕실까지 확장하였고, 화장실과 세면대, 욕조가 일체형인 욕실에는 고창을 설치해 밝고 쾌적한 공간으로 만들었다.

주위의 시선을 차단하도록 창의 위치를 조절하고 빛과 바람을 집안 가득 끌어들이는 장치가 곳곳에 있어 어느 공간이든 가족이 기분 좋게 지낼 수 있는 집이 완성되었다.

여름은 시원하고 겨울은 따뜻한
통로식 토방

1F 토방
토방에 바닥 난방을 설치해 겨울에 따뜻하다. 여름에는 서늘하고 시원해 일 년 내내 쾌적한 공간이다. 뒤뜰을 바라보는 창이 있어 경치도 즐길 수 있다.

1F 침실
1층에서 유일하게 분리된 방. "침실로 만들었지만 아이들이 어려서 온 가족이 2층에서 함께 자요."

계단
계단 보이드의 큰 창을 통해서도 1층으로 빛이 가득 들어온다. 계단 창문 밑은 겨울에도 아늑해 남편이 좋아하는 장소로, 아들과 시간을 보내곤 한다.

'개방감' 있는 올인원 욕실

1F 화장실·욕실·세면실
욕실도 최대한 원룸에 가까운 형태로 '개방감'을. 욕실 부분만 유리문으로 느슨하게 구분하여 빛이 전체적으로 부드럽게 퍼진다.

하늘과 만나는 '실외룸'에서
기분 좋은 야외 생활을 만끽

2F 루프 발코니
"봄가을에는 이곳에서 식사를 하기
도 해요." 바비큐를 하거나 여름에
는 풀장을 만드는 등 10평 남짓한
루프 발코니는 가족의 생활 중심.

최고로 기분 좋은 장소는 하늘과 이어지는 넓은 루프 발코니. 2층 면적의 절반 이상을 차지하는 '실외룸'은 온 가족의 휴식과 놀이 장소이다.

넓은 정원과 데크가 있는 생활을 꿈꾸던 혼다 씨가 한정된 부지 내에서 꿈꾸던 라이프 스타일을 실현하기 위해 생각해 낸 평면 설계이다.

"루프 발코니에는 작은 텃밭이나 화분을 기를 수 있어 살면서 조금씩 만들어 갈 생각이에요. 실내 공간도 조금씩 우리답게 만들어 가고 싶어요."

5년 후, 10년 후가 더욱더 기대되는 집이다.

2F 루프 발코니
↑ "퍼걸러에는 때가 되면 넝쿨식물을 심어 초록 가득한 정원처럼 만들고 싶어요."
→ 테라스에서 루프 발코니를 올려다본 모습. 하늘을 가까이서 바라볼 수 있는 곳이다.

2F 모두의 방
방 안의 '집'은 축조 구조로 지은 것. "아틀리에 SORA의 이벤트 때 전시한 것을 보고 첫눈에 반해서 아이디어를 얻었어요." 각자 자유롭게 사용하고 있지만 언젠가는 큰딸의 방이 될 예정.

정원
시간을 들여 조금씩 가꾸어 갈 예정. "넓지 않은 공간이지만 꽤 힘들어요!(웃음)"

DATA

가족 구성 : 부부 + 자녀 3명
부지 면적 : 168.24㎡(50.89평)
건축 면적 : 67.26㎡(20.35평)
연면적 : 93.05㎡(28.15평) 1F 65.49㎡ + 2F 27.56㎡
구조 및 공법 : 목조 2층 건물 (축조 공법)
설계 : 아틀리에 SORA
　　　 www.soramado.com
시공 : 우치다 건설

'네모난 집'을 꿈꾼 남편의 상상대로 나온 외관.

설계 포인트

어디에 있든 편안함을 느낄 수 있는 공간 만들기

이우치 키요시 씨(아틀리에 SORA)

'이곳에 있으면 편하다'라고 느끼는 특별한 장소도 좋지만 아이들과 놀면서, 집안일을 하면서, 어느 곳에 있든 늘 편안한 집을 만들고자 했다. 혼다 씨가 원하는 라이프 스타일을 고려하면서 사람의 활동이 빛과 바람의 흐름과 일치하도록 다양한 장치를 만들었다.

창문과 벽의 절묘한 밸런스로
더 편안하게

02
최소한의 가림막만 두고 모든 공간을 오픈형으로

2F 거실
정면과 서쪽 벽에는 창을 내지 않고
남북의 창을 통해 채광과 통풍을.
덕분에 벽면을 따라 여유 있게 가구
를 배치할 수 있고 아늑한 분위기도
조성되었다.

2F 거실
↖ 벽 코너까지 이어진 창에서
빛이 들어와 흰 벽면을 따라 퍼
지면 실내가 더욱 밝아진다.
↑ 창으로 옆집의 정원이 보여
계절마다 다른 경치를 즐긴다.
← 남쪽에는 큰 창을 배치, 거실
에 빛이 가득 들어온다.

I 씨 집 (가나가와현)

부부와 10살 딸이 함께 사는 3인
가족. "집짓기는 딸에게도 즐거
운 경험이었던 듯. 플래닝 중에
는 자기도 건물 그림을 그리더군
요." 장래의 꿈은 건축설계사!

오픈된 LDK에서 함께지만 자유롭게 지낸다

"책에서 부부 설계 사무소를 운영하는 아케노 다케시 씨와 미사코 씨의 사례를 보았을 때 심플하고 깔끔해서 좋다는 인상을 받았어요. 그 후 사무실 겸 자택에 가서 보고, '이렇게 멋진 삶을 사는 분에게 꼭 의뢰해야겠다!'라고 생각했어요."

I씨가 구매한 35평 정도의 깃대형 부지. "넓은 땅도 아니고 예산도 제한이 있어 작은 집이 되리란 건 알고 있었어요. 프라이빗 룸보다는 LDK를 우선으로 하고 싶다고 요청했죠. 아이가 다 자랄 때까지는 거실이나 다이닝룸에서 셋이 꼭 붙어 있는 게 더 좋지 않을까 싶었어요.(웃음)"

건축가는 부부의 요청대로 채광 조건이 좋은 2층에 원룸 형식의 LDK를 배치한 플랜을 제안하였다. 계단을 중심으로 주방, 다이닝룸, 홈오피스, 거실을 회유하는 식으로, 4개의 공간은 오픈되어 있지만 각각 독립된 분위기를 살려 가족들이 좋아하는 장소에서 각자 시간을 보낼 수 있다는 것이 이 평면의 매력이다.

거실 소파에서 텔레비전을 보는 사람, 홈오피스에서 책을 읽는 사람, 부엌에서 요리를 하는 사람……. 얼핏 제각각 고립되어 있는 것 같지만 공간이 오픈되어 자연스레 연결고리를 느낄 수 있는 이상적인 공간이 되었다.

2F DK & 홈오피스
2층은 12평의 원룸 공간. 계단
의 입구를 둘러싸듯 용도가 다
른 4개의 공간을 배치했다. 칸
막이가 없어 어디에 있든지 서
로의 인기척을 느낄 수 있다.

계단을 중심으로
공간이 이어지는 회유동선

햇살이 들어오는
기분 좋은 다이닝룸에서
아침을 시작!

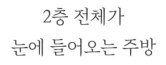

2F 다이닝룸
다이닝룸에서 이어지는 발코니의 바닥창
을 통해 상쾌한 아침 햇살이 들어온다.
'루이스 폴센'의 펜던트가 포인트.

2층 전체가
눈에 들어오는 주방

2F 주방
↑ 계단의 입구 부분은 주방으로
도 홈오피스로도 갈 수 있는 구조.
← 주방의 면재는 나라재. 스테인
리스 상판의 카운터는 폭이 넉넉해
작업하기 편하다.

여분의 식재료 등은
뒷면 카운터에 수납.

100

고창을 통해
빛이 천장으로 퍼진다

2F 홈오피스
↑ 벽면을 따라 긴 카운터를 제작하고, 코너의 큰 창을 설치해 공부를 하거나 일을 할 때도 밝고 개방감이 느껴진다.
↗ 주방 위의 고창을 통해 효과적으로 채광을 확보.
→ 2층 전체에 걸친 구배 천장은 밀랍으로 마감한 나왕재. 벽과의 사이에 조명기구를 설치했다.

코너창 덕분에
홈오피스도 쾌적하게

"처음에는 주방을 대면식으로 하고 싶다는 생각도 있었는데, 이 플랜을 보고 한 번에 OK했어요.(웃음) 주방에서 2층 전체가 보여 가족이 어디에 있든 얼굴을 보며 이야기할 수 있어요. 게다가 회유동선이라 무엇보다 편리해요!

거실에서도 다이닝룸에서도 접근성이 좋고 계단과도 바로 연결돼죠. 상차림이나 뒷정리는 물론 쇼핑에서 돌아와 짐을 정리할 때도 정말 편해요."

이런 오픈 구조는 채광과 통풍에도 유리하다. 벽이나 문이 없어 구석구석까지 빛과 바람이 골고루 퍼진다.

모든 공간을 감싸고 있는 건 넓은 구배 천장. 나무의 포근함과 함께 단정함도 느낄 수 있다. 주방 위에 설치한 가로로 긴 고창의 빛이 천장을 따라 퍼지는 모습도 인상적.

건축가는 "옆 건물이 가까워서 시선 높이에 창을 배치하면 사생활이 신경 쓰이게 마련이에요. 그래서 고창을 통해 시선은 차단하고 빛은 들어오도록 했어요."라고 말한다.

또한 옆집 사이로 시야가 트이는 방향에 발코니와 바닥창을 설치하고, 옆집의 정원이 보이는 곳에 창을 배치하는 등 창의 위치나 크기 등을 세심하게 배려해 생활이 더욱 편안해졌다.

바람이 잘 통해서
빨래도 뽀송뽀송!

1F 침실
↑ 환기창 아래는 오픈 옷장을 설치했
는데, 롤스크린으로 가릴 예정
↖ 마주 보는 창을 설치해 환기가 탁월
하다. 베란다에는 건조용 데크도.

환한 세면실을
만드는 큰 창

1F 욕실
욕조 높이에 맞춰 설치한 창으로
빛이 가득 들어온다. 창이 없는
세면실까지도 빛이 들어온다.

1F 세면실
동그랗고 사랑스러운 형태
의 세면볼은 '티폼'(대양철
물) 제품.

1F 화장실
세면실에서 출입하는 화장
실에 긴 선반을 달아 휴지
등을 수납.

1층의 복도와 아이방, 침실도 회유동선 구조이다. 아이방과 침실 사이에 있는 팬트리룸은 어느 방에서든 사용할 수 있는 공용 수납공간으로 활용하고 있다.

"아직은 아이와 함께 자지만, 곧 아이가 혼자 자더라도 창고방을 통해 서로의 인기척이 전달되니 안심이에요."

세면실과 욕실도 침실과 같은 층에 있으므로 이용하기 편하다.

"세면실과 침실 사이에 세탁기가 있는 것도 편리해요. 빨래를 옮기고, 세탁하고, 말리고, 정리하는 일련의 작업이 1층의 이 구역에서 모두 해결돼요."

쾌적하고 생활이나 집안일도 하기 편한 I씨 주택. 그런 의미에서 만족스러운 집이다.

■ 설계 포인트

작지만 넓게 느껴지는 공간 만들기

아케노 다케시 씨, 미사코 씨(아케노 건축사 사무소)

가족이 같은 공간에서 각자의 시간을 보낼 수 있도록 성격이 다른 4개의 공간으로 한 층을 설계. 동선이나 시선에 막힘이 없어 공간이 넓게 느껴진다. 2층에 원룸 형식의 LDK를 배치한 플랜은 1층에 여러 개의 방을 둠으로써 기둥이나 벽이 많아 구조적으로 안정적이고 내진성 등에서도 장점이 있다.

1F 현관 홀

← 침실과 2층 LDK가 빛이 가득 들어와 계단과 현관홀까지 밝은 느낌.
↓ 계단 아래 공간에 미닫이문을 설치하고 세탁기를 배치. '무인양품'의 수납 아이템을 활용해 깔끔하게.

방범을 위한 현관문 위의 픽스창과 벽면의 슬릿창으로 채광을 확보.

건물은 군더더기 없는 2층. 정사각형의 프로젝트창과 현관의 평평한 차양이 인상적.

■ DATA

가족 구성 : 부부 + 자녀 1명
부지 면적 : 115.42㎡(34.91평)
건축 면적 : 39.77㎡(12.03평)
연면적 : 78.35㎡(23.70평) 1F 38.58㎡ + 2F 39.77㎡
구조 및 공법 : 목조 2층 건물(축조 공법)
설계·시공 : 아케노 설계실 건축사 사무소
　　　　　　(아케노 다케시, 미사코 담당/야스하라 마사토)
　　　　　　tm-akeno.com
구조 설계 : 나가타 구조 설계 사무소
시공 : 와타나베 기건

1F

2F

녹음이 가득한 두 면에 바닥창을 설치.
메인 데크와 툇마루풍의 데크를 둘렀다.

외부로 이어진 우드 데크

1F 리빙
↑ 데크와 거실면 높이가 같도록
시공. 실내에서 밖이 이어진 것
처럼 보여 더 넓게 느껴진다.
← 소파 맞은편에 TV장을 만들
었다.

O씨 (가나가와현)
부부와 5세 딸, 2세 아들의 4인
가족. 둘째가 태어나면서 집짓기
를 결심. "아이들이 온 집안을 자
유롭게 뛰어다닐 수 있어 너무 좋
아요."

03
창과 데크를 통해 풍부한 자연을 집안 가득 들여놓은 집

울창한 녹음이 차경으로, 기분 좋은 생활 만끽

거실과 이어진 널찍한 데크. 나무들이 울창하게 늘어서 있고 높은 층고를 활용한 고창으로는 하늘이 보인다. 탁월한 개방감을 살린 O씨. 건축가 나카무라 다카요시 씨를 파트너로 선택해 천혜의 위치를 최대한 살린 플랜을 의뢰하였다.

"도로 건너 맞은편이 녹지이고 동쪽의 옆집 마당에도 멋진 나무들이 있어요. 이런 환경이 너무 마음에 들어 주택 부지를 결정하게 되었죠. 그리고 건축가에게 주위의 녹음을 마음껏 즐길 수 있는 평면을 요청했어요."

이에 건축가는 나무들이 보이는 두 방향으로 바닥창을 설치하고 우거진 녹음을 집안 가득 들여 마치 휴양지에 와있는 듯한 메인 공간을 제안하였다. 남쪽 벽면에는 고창도 추가.

"미래에 혹여 녹지에 집이 들어서거나 나무가 줄어들어 창을 열어둔 채 살기 힘들어질지 모르잖아요. 그렇더라도 하늘을 향해 낸 창이 있으면 주위 시선을 신경 쓰지 않고 개방감을 맛볼 수 있어요."라는 나카무라 씨.

하늘이 보이는 창으로 계단홀에도 톱 라이트를 설치. 프라이버시를 지키면서 지혜롭게 빛을 끌어들인다.

"해가 기울면서 빛의 표정이 시시각각 변해가는 걸 보는 것도 즐거워요. 아무튼 가까이에서 자연을 느낄 수 있는 삶을 만끽하고 있어요."

전면창을 통해 들어온
빛으로 가득한 거실

1F 거실
바닥창의 높이는 240cm로, 울창한
녹음을 즐기는 호사를 누리고 있다.
외부의 시선을 조절하기 위해 심플
한 버티컬 블라인드를 설치.

2층과 이어주는
다이내믹한 보이드

1F 주방
↑ 싱크대 앞의 벽을 높게 세워 다이닝룸에서 조리대 주변이 보이지 않도록 했다. 주방 뒷문을 통해 기분 좋은 바람이 들어온다.
↑↑ 뒷면 수납장은 합판으로 쓰기 편하게 제작.

1F LD
다이닝룸의 다크브라운 벽은 적삼목. 바닥은 내추럴 컬러의 파인재, 보이드 부분과 접해 있는 펜스 모양의 벽은 솔송나무를 도장한 후 닦아내 마감하는 등 다양한 나무의 표정을 살렸다.

계단
← 내추럴한 목조 계단은 챌판* 없는 오픈 디자인으로 압박감이 없고 위층의 빛이 들어온다.
↓ 톱라이트 덕분에 복도에서 계단 아래까지 밝다.

*챌판 : 계단의 디딤판과 디딤판 사이에 수직으로 댄 판

2F 침실
보이드를 통해 1층 거실과 이어지는 침실. 냉난방을 할 때는 미닫이를 닫아둔다. 나중에 아이들 방으로 만들 수 있도록 입구를 2개로.

1F 욕실
햇살이 풍부한 남쪽에 욕실을 만들고 펜스로 둘러싼 데크를 연결. 하늘을 보며 휴양지에 온 듯 여유로운 목욕 시간을 즐긴다. 데크와 욕실은 빨래 건조 공간으로도 활용.

1F 세면실
세면 카운터 하부장과 상부장은 집성재로 제작. 디자인의 통일감과 수납력을 겸비.

설계 포인트

집 안팎을 느슨하게 이어주는 데크에 주목

나카무라 다카요시 씨
(unit-H 나카무라 다카요시 건축설계사무소)

거실 2면에 키 높은 바닥창을 설치해 천혜의 전망을 살렸다. 그리고 창을 빙 돌듯 데크를 설치해 실내와 옥외를 자연스레 이어주는 '중간 영역'의 역할을 하고 있다. 데크와 펜스 사이에는 여유 공간이 있어 정원을 가꿀 수도 있다.

데크를 둘러싸고 있는 퍼걸러가 외관의 포인트. 여름이 되면 담쟁이덩굴을 키울 예정이라고 한다. 외벽의 일부와 데크는 내장에도 사용한 적삼목.

DATA

가족 구성 : 부부 + 자녀 2명
부지 면적 : 150.10㎡(45.41평)
건축 면적 : 55.82㎡(16.89평)
연면적 : 98.07㎡(29.67평) 1F 53.36㎡ + 2F 44.71㎡
구조·공법 : 목조 2층 건물(축조 공법)
설계·시공 : unit-H 나카무라 다카요시 건축설계 사무소
    (나카무라 다카요시)
    nakamura-takayoshi.com
구조설계 : 요시다 카즈나리 구조설계실
시공 : 오야마쓰 공무점

1F 현관 홀
↗ 복도 끝의 창가는 작은 갤러리풍으로 디스플레이.
↑ 복도 벽면에 칠판용 페인트를 칠해 아이들의 낙서 공간으로.
← 현관 바닥 목재는 데크와 같은 것. 러프한 질감이 매력적.

나무가 우거진 환경에 맞게 인테리어도 내추럴한 분위기를 추구했다는 O씨.

"번쩍번쩍하는 소재는 취향이 아니어서 나무 소재로 했어요. 바닥도 벽도 나무로 시공한 덕분에 외부의 자연과 잘 어울리는 공간이 되었죠."

외벽에 사용한 적삼목을 내장에도 활용하고 마감법도 맞춰 집 안팎의 연결성을 높였다. 적삼목 벽으로 둘러싸인 다이닝룸은 산장을 연상시키는 아늑한 공간. 천장이 있어 차분한 분위기를 자아내고 거실은 보이드를 통해 더 다이내믹하게 느껴진다.

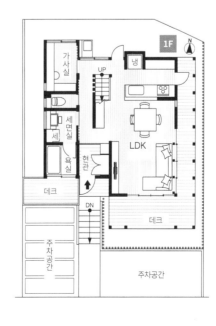

'빛과 바람'을 집안으로 들이는 법 16

advice
이우치 키요시 씨(아틀리에 SORA)

편안한 집짓기의 달인
옥외의 쾌적함을 실내로 들여와 하늘과 이어지는 듯한 집을 짓는 것으로 인기가 높은 '아틀리에 SORA'의 대표. '일상생활을 조금 멋지게 & 항상 쾌적하게 보낼 수 있는 집짓기'가 모토. www.soramado.com

사람들이 '기분 좋은 집'이라고 느끼는 집은 볕이 좋고 바람이 잘 통하는 집이다.
건축가 이우치 키요시 씨에게 어떻게 빛과 바람을 집안으로 충분히 끌어들일 수 있는지 물었다.

2 고창 & 지창을 만든다

주택 밀집지에서는 하이 & 로사이드를 통해 빛을 끌어들인다

밀집한 주택가에서는 높은 위치나 낮은 위치에 창을 배치하면 시선을 차단하면서도 빛을 끌어들일 수 있다. 높은 위치의 창을 '고창(하이사이드 라이트)', 낮은 위치의 창을 '지창(로사이드 라이트)'이라고 하며, 세로로 긴 슬릿창도 같은 목적으로 사용한다.
작은 창을 통해 들어오는 소량의 빛이나 슬릿창으로 들어오는 한 줄기 빛의 음영에는 아름다운 표정이 있어 큰 창 못지않게 매력적이다.

— 가가와현 · 우타즈 모델하우스

1 중정을 만든다

중앙의 정원을 통해 각 방으로 빛을 끌어들일 수 있다

주택 밀집지라 양지바른 쪽에 창을 만들기 어렵다면 건물 중앙에 중정이나 정원을 만들고 각 방의 창문을 정원 쪽으로 배치한다.
빛이 충분히 들어오고 환기도 잘 된다. 이는 예전부터 친숙한 방법으로, 교토의 상가도 이런 스타일이다. 빛과 바람을 들이는 것이 목적이라면 한 평으로도 충분하다. 나무를 심으면 더욱 쾌적한 공간이 된다.

— 가가와현 · S 씨 집

4 2층에 큰 창을 낸다

가족이 모이는 공간에 빛을 들이자

단독주택에서는 1층보다 2층이 외부 시선을 신경 쓰지 않고 지낼 수 있고 큰 창을 내기에도 좋다. 가족이 모이는 LDK를 2층에 배치하는 플랜을 선택하거나, 1층에 LDK를 둘 경우 2층에 다이내믹한 창을 설치해 계단이나 보이드를 통해 1층으로 빛을 들이는 방법도 있다.
높은 곳의 빛은 실내 깊숙이까지 도달하므로 밝고 쾌적한 공간을 만들 수 있다. 벽을 흰색으로 만들면 더 효과적.

— 오카야마현 · I 씨 집

3 유리 칸막이를 만든다

빛이 잘 들지 않는 곳에는 투명한 가림막을!

욕실이나 화장실 등 빛이 잘 들지 않는 곳은 유리로 된 칸막이를 추천. '훤히 보이는 것'이 부담스럽다면 표면을 가공한 프로스트 유리를 선택한다.
적당히 가려주면서 햇빛을 확산시켜 나뭇잎 사이로 햇살이 비치는 듯한 느낌을 준다. 유리블록은 잘 깨지지 않고 단열성이 뛰어나지만 가격이 비싸다.

— 오카야마현 · I 씨 집

5 보이드를 만든다

'고창'을 만들어 집 전체에 햇살 가득

아래위층을 이어주는 보이드는 개방감 때문에 인기인데, 어떻게 창을 설치하느냐에 따라 기분 좋은 빛을 끌어들이는 유용한 공간이 된다.
보이드의 고창을 통해 들어온 빛은 벽 전체로 반사되어 증폭되고 실내를 빛으로 감싼다. 또한 밑에서 올려다보았을 때 펼쳐지는 큰 창과 파란 하늘은 최고의 전망! 실내의 개방감과 어우러져 기분 좋은 공간을 만들어 준다.
- 효고현·히메지 모델 하우스

6 톱라이트를 만든다

천창을 만들면 빛이 3배나 들어온다

'천창'이라고도 불리는 톱라이트는 지붕면에 설치한 창을 말하며, 일반 창에 비해 3배의 빛이 들어온다.(건축기준법에서는 벽창의 3배 광량으로 카운트)
채광성은 물론이고 방에서 달이나 별을 보는 재미도 있다. 단, 직사광선이 비치는 방향이라 햇살이 너무 강하다면 단열유리나 차광커튼을 설치해 광량을 조절한다.
- 가가와현·우타즈 모델하우스

7 데크를 만든다

실내와 이어지는 공간을 만들어 옥외의 쾌적함을 끌어들이자

아무리 궁리해도 실내에 다이내믹한 빛을 끌어들이기 어렵다면 옥외 공간을 생활로 끌어들이자.
거실 등 생활의 중심이 되는 곳에 데크나 발코니를 설치하고 전면 개방되는 슬라이딩 도어나 폴딩 도어로 일체감을 만든다. 욕실과 이어지는 발코니는 마치 리조트 호텔 같은 쾌적함을 준다.
- 구마모토현·N 씨 집

8 안쪽으로 개구부를 만든다

개구부를 밖으로만 내라는 법은 없다

큰 창이 있으면 빛을 충분히 받아들일 수 있어 좋지만 방범이나 프라이버시를 생각하면 도로면을 향해 큰 창을 설치하는 것은 부담스러울 수 있다.
그럴 때는 집 안쪽으로 큰 개구부를 만들어 주위 시선과 관계없이 편히 쉴 수 있다. 천장까지 닿는 큰 개구부나 요즘 인기 있는 '커튼 없는 집'도 안쪽으로 창을 내면 갖게 되는 묘미.
- 카카와현·Y 씨 집

IDEA HOUSE ①

옥상 정원으로 빛과 바람을 마음껏 즐기는 집

해변의 풍광 좋은 곳에 위치한 K씨의 집은 바다가 한눈에 보이는 옥상을 활용하기로 마음먹고 흙을 깔고 잔디를 심었다. 에코 & 내추럴한 라이프 스타일과 함께 주목받는 '옥상 정원'은 자연을 즐길 수 있고, 식물과 흙이 태양열을 차단해 실내 환경을 쾌적하게 만드는 멋진 시스템이다.

↑ "옥상은 최고로 기분 좋은 장소!"
← 옥상 정원을 위해 배수와 방수 설비가 필요하므로 신축 시에 미리 계획한다.(후쿠오카현·K 씨 집)

9 스켈레톤 계단을 만든다

바람의 통기성이 2배

아래위층의 바람이 다니는 길로 가장 효과적인 것은 '보이드 공간'이기도 한 계단. 디딤판과 프레임만으로 구성된 스켈레톤 계단은 챌판 부분이 없는 만큼 확실히 통풍량이 늘어난다.

보다 효과적으로 계단을 이용하고 싶을 때는 위층에 창을 만들면 상승기류에 의해 밀어 올려진 공기가 창문으로 빠져나가 바람이 더욱 잘 통한다.

- 효고현·히메지 모델하우스

10 실내창을 만든다

방과 방 사이에 만든 창은 바람의 샛길이 된다

집안 전체에 바람을 통하게 하려면 외부로 향한 창뿐만 아니라 실내창도 연구하여 방에서 방으로 바람이 지나가는 길을 확보하는 것이 중요하다.

예컨대 보이드 공간에 2층 방과 연결된 창을 만들면 천장 근처의 따뜻한 공기가 이동해 효과적인 바람길이 형성된다. 또한 위층에서 아래층을 볼 수 있는 즐거움도! 창호에 언더컷 등의 통풍장치를 하거나 개폐 가능한 교창(交窓)을 만드는 등의 아이디어도 있다.

- 고치현·K씨 집

11 그레이팅 바닥을 만든다

2층 바닥을 그레이팅으로 만들면 위층에서 아래층으로 바람이 통한다

그레이팅이란 본래 배수구 뚜껑으로 사용하는 격자 모양의 강판을 말한다.(경량의 FRP재도 있음) 입체 주차장 등에 사용되는 '아래가 보이는 바닥'이라고 하면 이해하기 쉬울 것이다.

격자가 바람과 빛을 투과시키므로 위층 바닥 일부에 도입하면 아래위층의 환기가 잘된다. 발코니를 그레이팅으로 마감해 1층 테라스로 빛과 바람이 닿게 하는 방법도 있다.

- 가가와현·S씨 집

12 천장 근처에 창을 만든다

뜨거운 공기를 내보내는 역할을 한다

따뜻한 공기는 위로, 찬 공기는 아래로 흐르는 성질을 이용하는 방법이다. 천장 가까운 곳에 창을 만들면 뜨거운 공기를 밖으로 내보내 실내에 공기의 대류현상이 나타난다. 특히 여름 뜨거운 공기를 배출하는 데 효과적.

로프트에 창을 내는 것도 효과적이다. 작은 창을 만들어 공기를 내보내면 로프트와 아랫방이 쾌적해진다.

- 오카야마현·M씨 집

IDEA HOUSE 2

개폐식 텐트가 데크를 에워싸 개방감이 최고인 집

집 한가운데에 넓은 데크를 두고 모든 방이 데크를 향해 활짝 열린 T씨 집. 집이 하나의 큰 공간이 되는 매우 개방적이면서도 다이내믹한 집이다.

데크 위에 개폐식 텐트로 지붕을 만들어 날씨에 따라 자유롭게 여닫을 수 있다. 개방감 최고인 이곳은 누구할 것 없이 모이게 하는 힘이 있다.

거실도, 주방도, 아이방도 데크와 이어지는 개방감이 좋다.(오카야마현 T씨 집)

13 격자문을 설치한다

격자문으로
시선은 가리고
바람은 통과

프라이버시 침해가 우려돼 큰 창을 내기 어렵다면 격자문이나 적절한 개구부를 설치한 벽으로 에워싸 시선을 차단하면서 기분 좋은 바람을 끌어들일 수 있다.
아울러 테라스나 데크를 함께 설치하는 것도 추천. 외부 시선에 신경 쓸 필요 없이 야외 거실로 쓸 수 있다. 바람과 햇살, 녹음과 하늘까지 만끽할 수 있다!
- 고치현·고치 모델하우스

15 바람이 들어오는 창, 나가는 창을 만든다

바람이 들어오는
창문 맞은편에
'나가는 창'을 세트로
설치할 것

방에 공기의 입구와 출구가 있으면 공기가 흘러 바람이 된다. 반대로 거실에 큰 창이 있어도 나가는 창이 없으면 공기는 원활하게 움직이지 않고 바람도 생기지 않는다.
통풍을 위해서는 작더라도 창을 만드는 것이 무엇보다 중요하다. 효율적인 바람의 흐름을 만들려면 '정면보다 대각선으로' 설치하는 것이 테크닉이다.
- 오카야마현·K 씨 집

14 반옥외 공간을 만든다

하늘이 보이는
반옥외 공간은
특별하다

실내로 바람이 들어와도 역시 야외에서 느끼는 상쾌한 바람만은 못하다. 야외에 있는 기분을 느낄 수 있는 반옥외 공간을 만들면 '기분 좋은 바람'과 함께 할 수 있다.
생활의 중심이 되는 거실과 이어지는 데크나 중정 등을 추천한다. 바닥의 높이를 맞추고 전면 개방되는 창을 설치하면 실내와 이어지는 쾌적한 장소가 된다.
- 가가와현·우타즈 모델하우스

16 주방에 작은 창을 만든다

냄새와 습기를
배출한다

냄새나 습기로 가득 차기 쉬운 주방에 작은 창이 있으면 편리. 레인지후드나 환풍기로 공기를 배출할 때도 창으로 공기가 들어오면 효율적으로 배출할 수 있다.
세면실이나 탈의실 등의 습기가 많은 곳도 마찬가지. 작은 창으로 바람이 지나가는 길을 만들면 빛도 끌어들일 수 있어 쾌적한 공간이 된다. 수납 선반 위나 거울 옆 등의 작은 공간에도 창문은 충분히 설치할 수 있다.
- 오카야마현·K 씨 집

IDEA HOUSE ❸

경사를 따라 만든 계단으로 빛과 바람이 잘 통하는 집

작은 언덕의 경사지에 위치한 Y씨의 집은 지형을 활용한 계단이 주인공! 집의 중심이 되는 큰 넓이의 계단은 LDK에 버금가는 중심 공간이다. 기분 좋은 바람과 빛이 계단을 통해 온 집안에 퍼지는, 대지 자체를 삶에 끌어들인 재미있는 집이다.

← 경사지에 잘 어울리는 외관.
→ 약 6평의 공간이 전부 계단! 앉아서 얘기를 나누거나 뛰어다니기도. (야마구치현·Y씨 집)

라이프 스타일에 맞춘 개성 있는 집 4

많은 이들이 나만의 개성을 살린 독창적인 구조의 집을 짓고 싶어 한다. 취미나 기호, 라이프 스타일을
평면과 설계 플랜에 철저히 반영하여 집에서 변화 있는 삶을 즐기는 네 가족을 소개한다.

실내에서도 야외와 같은 쾌적함을 느낄 수 있는 자유롭고 넓은 공간

마키타 씨 집 (시즈오카현)

회사원 남편과 부인, 3살 된 딸이 사는 3인 가족. 부부 모두 인테리어를 좋아해서 마음에 드는 상점을 함께 둘러보는 것을 즐긴다.

Life Style

자연과 아웃도어를 좋아한다

주방창과 이어진 카운터를 설치해 냄비나 그릇 등을 놓을 수 있도록 했다. 동료나 친구들과 바비큐를 할 때도 요긴하게 쓰인다.

LDK

자연을 만끽할 수 있는 LDK. 밝아서 아침 일찍 일어나게 된다고. 합판 천장과 콘크리트 바닥, 허리벽과 집의 구조를 그대로 보여주는 실내는 소박한 멋을 풍긴다.

주방 & 거실과 바로 연결되는 넓은 테라스

주방 앞쪽으로 테라스를 설치. 거실쪽 미닫이문을 통해 편하게 나갈 수 있다.
처마가 있어 비 오는 날에도 안심.

긴 카페형 주방이라
여유롭게 작업할 수 있다

요리를 좋아하는 부부는 요리 중에 식재료와 프라이팬 등을 여유 있게 둘 수 있도록 주방은 가로로 길게 설계. 싱크볼도 편의성을 고려해 깊고 넓은 것으로 골랐다. 딸 아이가 자연스럽게 '불' 감각을 익힐 수 있도록 가스레인지를 설치.

주방
팬트리가 없는 대신 주방 수납을 위해 상부에 오픈 선반과 캐비닛을 만들었다. 복잡한 인상을 주지 않고 생활용품을 보관한다.
→ 주방 싱크대 문은 집 전체의 조화를 고려해 벽과 같은 마감재로 했다.
↑ 상판은 콘크리트로 마감해 나무의 소재감이 돋보인다.

시즈오카에서 나고 자라 자연을 좋아하는 남편은 강가에서 캠핑을 하거나 집에서 빵과 피자를 굽는 등 아웃도어와 요리를 좋아한다. 결혼해 살던 임대 아파트는 아이가 태어나면서 좁아져서 부모님의 차밭을 물려받아 한쪽에 집을 짓기로 하였다. '엠에이 스타일 건축 사무소'에 의뢰한 집은 '실내에 있지만 야외 같은 개방감을, 야외지만 실내 같은 편안함이 느껴지는 집'이었다.

공원의 '정자'처럼 심플한 건물을 이미지화해 만든 마키타 씨 주택. 기초 부분의 콘크리

새니터리
← 주방과 침실 사이의 복도에 수도 시설을 모아 배치. 화장실 문도 벽과 같은 합판재로 만들어 벽의 일부처럼 보이도록 했다.
← 세면대서 보이는 경치를 고려해 창 맞은편에 나무를 심고, 거울 겸용 가동식 문을 달아 필요에 따라 사용하고 있다.

콘크리트로 마감한 현관과 거실 아웃도어 느낌이 가득

외부와의 일체감을 위해 현관과 거실을 콘크리트로 마감했다. 신발을 신은 채 그대로 테라스로 나갈 수 있다. 거실에도 주방과 같은 수납장을 짜 넣어 깔끔하게 정리하고, 위에는 좋아하는 물건들을 올려두었다.

트를 허리 높이까지 올리고 윗부분에는 큰 창을 설치해 투박한 멋과 자연의 개방감을 얻을 수 있도록 했다. 커다란 처마가 있어 편안한 테라스와 주방을 마주 보게 배치하여 한공간으로 만들었다. 주방 창을 통해 따끈한 요리나 차가운 맥주를 곧바로 옮길 수 있어 야외에서의 식사가 한층 더 즐겁다.

또한 현관, 거실, 테라스를 같은 콘크리트 바닥으로 마감하여 안과 밖의 경계를 두지 않았다. 침실 옆에는 빨래를 널 수 있는 테라스를, 현관 앞에는 잠깐 앉아 쉬거나 친구와 수다를 떨기 좋은 벤치 딸린 포치를 배치. 집 전체에 아웃도어를 즐길 수 있도록 설계하였다.

향후에는 카페를 운영할 계획인 마키타 씨 가족은 아이디어 가득한 집에서 오늘도 즐거운 생활을 이어가고 있다.

화장실
뒷면에 독특하게 만든 휴지 걸이. 벽면을 모두 합판으로 마감해 따스한 느낌을 준다.

욕실
'심플 이즈 베스트'라는 생각으로 간소하게 만든 욕실. 콘크리트로 마감해 관리도 편리하다.

옆집 울타리를 차경하여
아이방에 초록의 싱그러움을

옆집의 나무 울타리가 시선을 가려주고 초
록의 싱그러움이 가득 들어오도록 큰 창을
배치했다. 책상에 앉아있는 내내 초록의
싱싱함을 느낄 수 있다.

아이방
아이방에는 미닫이문을 설치하고,
큰 가구 없이 콘크리트 마감한 카운
터를 책상으로 쓰고 있다.

침실 & 테라스
→ 맞은편 차밭 풍경이 한가로운 테라스가
딸린 침실. 높은 천장에는 철제 프레임을 설
치해 '보여주는 수납'을 즐길 수 있도록 했다.
↑ 침실과 이어진 테라스는 빨래나 이불을
말리기에 적합한 공간. 현관쪽 테라스보다
프라이빗하게 사용하고 있다.

직선으로 구성된 심플한 외관. 창문에 비스듬히 들어간 버팀목이 포인트.
허리 높이의 콘크리트 외벽은 집의 기초 부분을 높인 것으로, 장식적인
요소는 빼고 '꾸미지 않은' 자연스러움을 중시했다.

설계 포인트

가와모토 아쓰시 씨, 가와모토 마유미 씨(엠에이 스타일 건축설계)

건축주는 차밭과 정원까지 주거 공간의 연장으로 보고 자유롭게 드나들며 아웃도어와 요리를 즐길 수 있는 집을 원했다. 이에 공원의 '정자'를 이미지화해 '구조물과 개구부'라는 간소한 형식으로 공간을 제안하였다. 가족의 의식과 생활을 고려해 다양한 공간을 만들어 집의 볼륨이나 구조, 소재감은 상호 영역성을 유지하면서 주변과 조화를 이루는 곳이 되었다.

DATA

가족 구성 : 부부 + 자녀 1명
부지 면적 : 297.53㎡(90.00평)
건축 면적 : 95.68㎡(28.94평)
연면적 : 81.98㎡(24.80평)
구조 공법 : 목조 단층(축조 공법)
설계 : 엠에이 스타일 건축 계획 www.ma-style.jp
시공 : 구와타카 건설

잠깐 휴식처로 유용한 벤치 달린 포치

포치(porch)*는 부모님이나 이웃이 잠시 들렀을 때 아주 유용한 휴식처. "잠깐 이야기를 나눌 때 너무 편해요. 생각보다 훨씬 쓰임새가 좋아요."

*포치(porch) : 건물 입구나 현관에 지붕을 갖추어 비바람을 피하도록 만든 곳.

주요 사양

바닥 〈NISSIN EX〉 나라 12㎝ 폭 러스틱(브러시 마감),
　　　거실·현관 : 콘크리트 쇠흙손 마감 12㎝ 두께 (침투성 방수재 사용)
벽 **허리벽** : 모르타르 쇠흙손 마감(침투성 방수재 사용)
　　벽·벽 들보 : 구조용 합판 1.2㎝ 두께(오일스테인 마감)
급탕 〈린나이〉 가스 보일러
주방 제작, 레인지후드 〈파나소닉〉 FY-32BK7M/19, 수전금구 〈세라 트레이딩〉 KW0231103
욕실 재래공법, 욕조 〈FONTE TRADING〉 T505-130w-75k
세면 제작, 세면볼 〈가쿠다이〉 493-070-750, 수전금구 혼합전 〈LIXIL〉 LF-E345SYC
화장실 〈LIXIL〉 사티스
새시 제작 목제 새시
현관문 제작 목제 새시
지붕 방화 FRP 방수
외벽 〈채널 오리지널〉 내추럴월 T&G(스퀘어 블록 있음)
단열법·재질 외단열·글라스울

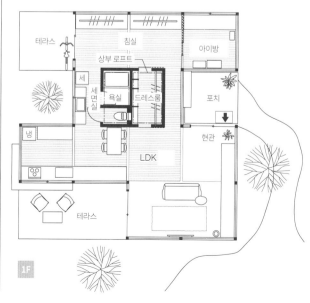

CASE **2** | 가족과 이웃이 함께
어울릴 수 있는 집

M씨 집 (도쿄도)
회사원인 남편과 의료업계에서 일하는 부인, 9세 딸과 5
세 아들이 사는 4인 가족. 부인의 고향에 집을 짓고, 부모
님과 이웃의 교류를 소중히 여기며 살고 있다.

2F LD
↑ 벽면을 따라 설치한 긴 벤치는 하단에 수
납용 박스가 들어갈 수 있도록 했다. 서까래
구조의 촘촘한 대들보와 어울리게 로프트에
도 격자를 설치하였다.
↓ 거실과 다이닝룸, 주방은 회유식으로 설
계하였다.

로프트
다락의 경사를 활용한 트리하우스 같은 로프트. 남편이 음악을 듣거나 아이의
숨바꼭질 놀이터로 쓴다.

> **다양하게 활용할 수 있는
> ㄷ자형 벤치가 있는 LDK**

LDK 벽면을 빙 두르듯 배치한 벤치는 다양한 쓰임새를
지닌다.
← 주방 쪽 벤치는 아이들에게 안성맞춤인 놀이터이다.
→ 좌면을 넓게 만든 다이닝룸 옆의 벤치는 햇살이 가
득 들어와 아내가 요가하는 곳으로 쓴다.

두 아이를 자유로운 환경에서 키우고 싶어 집을 짓기로 한 M 씨. 서로 인기척을 느끼며 살 수 있는 집을 원해 스킵 플로어에 칸막이가 없는 집을 조사하던 중 이미지와 가까운 건축을 하는 i+i 설계 사무소를 알게 되었고, 건축가 이이즈카 유타카 씨에게 주택지 찾는 일부터 상담하게 되었다. 그리고 아내의 고향이자 어머니가 살고 있는 도심의 번화가에 땅을 구해 집을 지었다.

가까이 사는 어머니와 친척, 이웃, 친구와의 시간을 무엇보다 소중히 여기는 M씨를 위해 건축가는 사람들이 자연스럽게 모이고 편안하게 지낼 수 있는 전통 디자인을 도입한 설계를 제안하였다.

2층의 거실과 다이닝룸에는 ㄷ자형 벤치를 설치. 손님이 많이 와도 여유롭게 앉을 수 있을 뿐만 아니라 다리를 펴고 앉거나 드러눕거나 자유롭게 어울릴 수 있다. 창으로는 자연광이 쏟아져 들어와 옛날 툇마루 같은 공간이 되었다.

현관은 보통 주택의 2배 넓이로 만들고 양쪽에 방을 배치. 예전의 토방 현관처럼 신발을 신은 채 마루에 걸터앉아 이웃과 이야기 나눌 수 있도록 했다.

M씨 가족은 친구를 불러 저녁을 함께 먹고 어머니가 편안하게 찾아오는 등 사람들과 폭넓게 소통하는 삶을 즐기고 있다.

거실과 다이닝룸과 이어지는
오픈 주방

↓ 아이가 노는 모습을 보거나 손님과 이야기 나누며 요리할 수 있도록 오픈형 대면식 주방으로. 싱크대 앞쪽은 낮은 단을 세워 물건이 떨어지지 않도록 했다.
← 벽쪽에 가스레인지를 배치해 기름이 튀어도 청소하기 쉽다. '세이와 세라믹스'의 그레이 타일이 멋을 더한다.

2F 주방
오픈 주방인만큼 인테리어에도 신경을 썼다. 벽은 '벤자민 무어'의 연보라색 페인트를, 문은 짙은 갈색으로 칠해 차분한 느낌을 준다.

넓은 토방을 만들어
소통의 장이 된 현관

현관은 2.5평으로 넓게 설계. 토방에는 천연소재인 '어드반(ADVAN)'의 천연 슬레이트를 사용하였다. 아내가 첫눈에 반해 선택한 소재라고. 현관에서 오른쪽은 아이방, 왼쪽은 침실을 배치했고, 토방과 단차를 두어 벤치처럼 걸터앉을 수 있도록 했다. 여름에는 여기에 낮은 테이블을 놓고 근처에 사는 어머니가 더위를 식히고 가신다.

적삼목(미국 향나무) 패널의 외벽과 갈바륨 강판* 지붕이 독특한 인상. 현관을 유리문으로 만드는 등 곳곳에 채광을 위한 아이디어가 보인다.

*갈바륨 강판 : 아연도금 강판에 알미늄이 코팅된 강판.
내구성·내열성 등이 뛰어난 건물 외장재.

설계 포인트

이이즈카 유타카 씨 (i+i 설계 사무소)

프라이버시를 지키면서 남향의 넉넉한 햇살을 들이기 위해 2층에 거실을 두고 발코니와 이어지는 ㄷ자형 벤치를 설치. 툇마루 같은 휴식 공간이자 사람들과 편안하게 어울릴 수 있는 공간으로 구성하였다.
경사 지붕, 천장의 나무 서까래, 갈색 목재 외벽과 툇마루, 토방, 격자 등은 전통가옥의 정취를 떠올리게 하지만, 현대적인 공간으로 해석하여 새로운 현대 주택으로 완성하였다.

DATA

가족 구성 : 부부 + 자녀 2명
부지 면적 : 109.79㎡(33.21평)
건축 면적 : 51.34㎡(15.53평)
연면적 : 107.65㎡(32.56평)
　　　　1F 49.27㎡ + 2F 49.07㎡ + 로프트 9.31㎡
구조·공법 : 목조 2층 건물(축조 공법)
본체 공사비 : 약 2,380만 엔
　　　　(설계료 별도, 지반 개량 70만 엔, 외관 50만 엔 포함)
3.3㎡ 단가 : 약 73만 엔
설계 : 아이플러스아이 설계사무소 http://iplusi.info
시공 : 다케와키 주택건설 http://takewaki-j.co.jp

주요 사양

바닥 1층, 2층, 로프트 : 낙엽송 원목 플로어링
　　현관 〈어드반 블루마레〉 천연 슬레이트
벽 1층, 2층 : 종이 벽지 위에 패각 도료
급탕 〈린나이〉 가스 고효율 급탕기
주방 제작(I형·폭 290cm), 레인지후드 〈후지공업〉 SSRF
　　수전금구 〈TOTO〉 TKWC35
욕실 〈일폴리화공〉 유닛배스
세면 제작 (타일 부착), 세면볼 〈어드반〉
　　탱크, 수전금구 〈산에이 수전〉
화장실 1층, 2층 〈TOTO〉 뷰어레스트
새시 〈YKK〉 로이 복층 유리 새시
현관문 〈YKK〉 로이 복층 유리 새시
지붕 갈바륨 강판
외벽 갈바륨 강판, 적삼목 싱글 패널
단열법·재질 벽 : 충전 단열·글래스울
　　　　　바닥 : 충전 단열·스타이로폼
　　　　　지붕 : 외장 단열·스타이로폼

1F 욕실
청결한 느낌을 주는 흰색으로 통일한 욕실. 부드러운 배 모양의 '일폴리화공'의 유닛베스를 선택. "청소하기 쉬워 마음에 들어요."

1F 화장실
← 넉넉한 수납공간을 짜서 깔끔하게 보이는 화장실. 화이트+우드로 심플하게 디자인.
↑ '어드반'의 큼직한 세면볼을 선택. 아이가 있어 서예 도구를 씻거나 신발을 씻기도 하고 양동이를 두는 등 다용도로 활용 중.

1F 현관
↑ "아이방은 윗부분이 트인 장지문을 선택했어요." 나중에는 벽을 세워 아들과 딸이 나눠 쓰도록 할 예정이다.
← 넓은 현관은 또 다른 휴식 공간. 잠시 들른 이웃과 마루에 걸터앉아 이야기를 나누기도 한다.

1F / 2F 평면도

집 안에서 즐기는
노마드 라이프

나카지마 씨 집 (도쿄도)
부부와 아들 2명의 4인 가족. 2년에 걸쳐 부지를 찾고 건축가
인 부인이 직접 설계. 자택 겸 건축 사무소로 사용하고 있다.

Life Style

공간을 크리에이티브하게
쓰고 싶다

3F 거실
오른편의 벽으로 둘러싸인 주방은 '집',
거실은 '바깥'을 이미지화했다. 식재 디
자이너가 골라준 커다란 관엽식물이 '공
원 같은 분위기'를 자아낸다.

옥상 발코니
남은 비계판*으로 벤치를 제작. 휴일의 브런치를 즐기는 것이 가족의 즐거움이다. 바비큐에도 도전할 계획이라고.

*비계판 : 작업장에 발판과 통로를 위해 만든 판재.

각자 원하는 장소에서 지내는
거실과 다이닝룸

스킵 플로어의 단차를 이용해 소파자리를 만들었다. 아이들은 단차를 책상 삼아 책을 읽는 등 자유롭게 공간을 활용한다.

↑ 환기창은 눈에 띄지 않도록 벽면과 같은 화이트 창틀로.
↗ 외벽 느낌의 벽으로 둘러쌓인 '채광창'은 목제 창틀을 선택해 '내부감'을 연출하였다.

3F 주방
주방은 집성재와 스테인리스 상판으로 만들어 심플 & 콤팩트. 하부장에는 조미료 선반과 밀레 식기 세척기를 설치.

3F 다이닝룸
↑ 천창을 통해 자연광이 들어오는 다이닝룸. 테이블은 'R부동산 toolbox'의 다리 부재에 남은 바닥재를 활용해 제작.
→ 앉기 편한 높이의 단차는 벤치로 안성맞춤. 삼나무 비계판에 축열 기능이 있어 겨울에도 맨발로 지낼 수 있다.

현관을 열면 아이들의 웃음소리가 넘쳐나는 집.

"아이들은 공원에서 놀듯이 온 집안을 뛰어 다녀요." 나카지마 씨 집은 실내에 '집'과 '바깥'이 있다.

주방과 욕실, 침실 등 생활에 필수적인 공간은 북쪽에 집약시키고 벽으로 둘러싸 집 안의 '집'을 만들고, 남쪽의 넓은 공간은 집 안의 '바깥' 공간으로 설계하였다. '바깥'의 바닥은 소박한 삼나무 비계판*으로 마감하고, '집'의 바닥은 일반적인 원목마루로 시공하여 분위기를 달리한 점이 탁월하다.

"'바깥' 공간에는 가구를 두지 않고 유연하게 쓰도록 했어요. 아이의 성장이나 계절에 맞춰 노마드(유목민)처럼 집안의 편한 공간을 찾아 생활하는 게 꿈이에요. 저는 여름이면 시원한 1층에서, 겨울에는 따뜻한 3층에서 일하는 식이죠. 기분 전환도 되고 쾌적하게 일할 수 있어요."

여름에는 좀 더 지내기 편한 2층으로 거실을 옮길 예정이고, 햇빛과 바람 등 자연에 따라 생활하면 불필요한 냉난방은 하지 않아도 되고 아이들도 더 건강하게 자랄 것이다.

*비계판 : 작업상에 발판과 통로를 위해 만든 판재.

언젠가 이웃과 함께 하는 공간으로
만들고 싶은 홈오피스

→ 1층은 건축가로 활동하는 치카 씨의 홈오피스. 손님
이나 업무 관계자와도 편하게 회의할 수 있도록 신발을
신은 채 사용하는 공간으로 만들었다.
↑ 전면의 유리문을 열면 도로를 향해 오픈된 공간이
된다. 언젠가 벼룩시장이나 주말 카페 등 이웃과 함께
하는 공간으로 만들고 싶다고.

아이방은 비 오는 날에도
마음껏 놀 수 있는 광장

→ 넓은 아이방은 이후 개별 방으로 만들 예정. "아직은
아이들이 어려서 가구를 줄이고 자유롭게 노는 공간으
로 만들었어요."
↑ 오른쪽은 침실과 욕실·화장실이 있는 '집' 부분. 벽은
5mm 두께의 외벽 느낌 나는 비계판으로 마감했다.

심플한 색상의 외관. "우리 집 외벽은 집 안에 있고 본래의 외벽은 존재하지 않는다는 발상으로 하늘과 동화되는 색을 골랐어요." 콘셉트의 철저함에 경의를 표한다.

1F 방
손님방으로 쓰는 방. 실내지만 툇마루를 설치해 토방을 '바깥'처럼 보이게 한다. 툇마루 아래에 수납공간을 만들어 편리.

2F 침실
세면실과 이어지는 가족 침실. 침실과 주방 등 '집' 부분의 바닥재는 밤나무 원목 마루를 선택. 나무의 따뜻함에 여유로워진다.

2F 세면실
선반은 2X4재로 제작. 원목재의 느낌이 기분 좋고 가성비도 탁월하다. 벽면은 규조토로 마감해 금방 보송해진다.

2F 욕실
재래공법으로 만든 욕실에는 따로 수납공간과 거울을 달지 않았다. "물때가 쌓일 곳이 없어서 청소가 간편해요."

2F 화장실
'촉감은 아이의 기억에 남는다고 생각해서' 수전금구와 휴지 걸이 등 매일 손에 닿는 것은 고급 제품을 선택.

설계 포인트

하기노 치카 씨 (하기노 치카 건축설계사무소)

집안에 외부와 같은 넓은 공간이 있는 평면을 고민하던 중, 친구네와 캠핑카에 숙박하면서 아이디어를 얻었다. 캠핑카 내부에는 주방과 침실 등이 콤팩트 하면서도 기능적으로 들어가 있어서 솔직히 '이렇게 작아도 생활할 수 있구나'하며 놀랐다. 우리 집을 설계하면서 생활에 필요한 기능을 최대한 작게 집약하고 나머지 공간을 자유공간으로 만드는 실험을 하였다. 조금 대담한 발상이지만 살면서 손볼 수 있는 집에 대만족이다.

DATA

가족 구성 : 부부 + 자녀 2명
부지 면적 : 75.66㎡(22.89평)
건축 면적 : 45.36㎡(13.72평)
연면적 : 129.36㎡(39.13평) 1F 35.47㎡ + 2F 45.36㎡ + 3F 42.87㎡ + 펜트하우스 5.66㎡
구조·공법 : 목조 3층 건물 (축조 공법)
설계 : 하기노 치카 건축설계사무소 http://chikahagino.com
시공 : 후카자와 공무점

주요 사양

바닥 **1층** : 토방 콘크리트 쇠흙손 마감, **다다미방** : 다다미
　　2층·3층 : 삼나무 비계판을 매끄럽게 마감 처리
　　다이닝룸 : 〈NISSIN EX〉 밤나무재 플로어링 화이트
벽 규조토, 삼나무 비계판에 백색 에이징
급탕 〈노리츠〉 가스 급탕기
주방 제작, 레인지후드 〈후지공업〉 ARIAFINA
　　수전금구 〈세라 트레이딩〉 Vola
욕실 FRP 방수 톱코트 마감, **욕조** 〈세라 트레이딩〉
세면 제작, 세면볼 〈세라 트레이딩〉 Memento
　　수전금구 〈세라 트레딩〉 Vola
화장실 **1층** 〈TOTO〉 네오레스트, **2층** 〈LIXIL〉 사티스
새시 목제 새시 〈모로즈〉, 〈키마드〉
현관 문 제작 (목제 미닫이문)
지붕 갈바륨 강판
외벽 〈에스케이〉 화연 벨아트 Si
단열법·재질 내단열·글래스울

1F

2F

3F

RF

CASE 4

적당한 거리에 앉을 자리를 만들어 스트레스 없는 생활을 실현

O씨 집 (가나가와현)

건축 관련 일을 하는 남편과 부인, 6세 딸이 사는 3인 가족.
구조재를 노출해 지은 심플한 새집 인테리어가 마음에 든다.
시간이 지남에 따라 운치가 더해갈 것을 기대하고 있다.

상부까지 창을 내고 천창과 연속되는 차양을 설치해 개방감을
얻을 수 있도록. 차양이 있어 여름을 시원하게 보낼 수 있다.

맞벌이로 늘 바쁜 부부는 휴일에 편히 쉴 수 있는 집을 짓고 싶었다. 각자 프라이빗한 시간을 만끽하면서 연결성도 느낄 수 있는 그런 집. 막힌 공간이 없는 회유성 구조이면서도 독립된 공간과 근처에 사는 양가 부모님이 자주 오셔도 스트레스 없이 지낼 수 있는 집을 짓는 것이 중요한 과제였다.

설계는 건축가 가와베 나오야 씨에게 의뢰하였는데, 부부 모두 건축 관련 일을 하는 만큼 열띤 논의가 오갔다고 한다.

최종적으로 중앙에 정원을 만들고 둘러싸듯 방을 설치하는 플랜으로 결정하였다. 1층에는 주방과 다이닝, 중정을 사이에 두고 방을 두었다. 반지하에 침실, 중2층에 거실, 천장은 보이드로 만들고 2층에 아이방을 배치했다. 전체적으로는 하나의 공간인 듯 느껴지지만 여러 곳에 앉을 수 있는 휴식 공간을 만들어 적당히 프라이버시를 지키도록 했다.

1층 방 옆에는 작은 테라스가 있어 거실을 거치지 않고 별채처럼 편하게 출입할 수 있다. "어머니가 오셔서 지내도 인기척을 느낄 수 있어 안심이에요."라는 O씨. 가족 여행 중 양가 어머니가 한지붕 아래에서 사이좋게 지낸 적도 있다고 한다. "각자의 공간이 독립되어 있어 사는데 대만족"이다.

**어디서든 보이는 중정은
일체감과 쾌적함을 위한 신의 한 수**

건물 중심에 정원을 배치해 적당한 연결성과 자연의 싱그러움을 느낄 수 있다. 날씨가 좋을 때는 우드 데크에서 하늘과 나무를 보며 식사를 즐긴다.

1F LD
외부의 시선이 자연스레 차단되고, 머물 장소가 곳곳에 있어 각자의 시간을 보내면서도 연결성을 유지할 수 있다.

**'별채'처럼 쓰는
프라이빗한 방**

1F 방
방에서 우드 데크 너머로 다이닝룸이 보인다. 이것이 적당한 거리감과 편안함을 만든다.

1층 방은 부모님이 방문했을 때 손님방으로.
(좌측) 맞은편에는 작은 테라스가 있어 거실을 거치지 않고 편하게 밖으로 나갈 수 있다.
(중) 실버 페인트의 미닫이문은 공간의 독립성을 만들고, 콘크리트 바닥과도 조화롭다.
(우측) 다다미는 테두리가 없는 정사각형 타입을 선택. 모던한 분위기가 난다.

현관에서 복도, 다이닝, 주방으로 이어지는 바닥은 콘크리트로 마감해 공간의 연결성과 외부로의 확장성을 만들었다.

M2F 거실
→ 아이방으로 올라가는 중2층에 거실을 만들고, 계단은 폭을 넓게 만들어 앉아서 책을 읽을 수도 있다.

B1F 침실
← 반지하 침실은 중정과 접해 있어 답답함이 없다. 큰 창을 통해 밖으로 나갈 수도 있다.

고창으로 눈부신 자연광이 들어온다.

벽면의 핑크색은 딸이 선택한 컬러.
'포터스 페인트'로 직접 칠했다.

1층과 원활히 소통되는 아이방

2층 공간은 현재 딸의 방. 층은 달라도 보이드로 연결
되어 있어 고립감은 없다.

1F 다이닝룸
방과 거실이 한눈에 보이는 다이닝룸은 이 집의
중심이다. 바로 위 2층에 아이방이 있어 다이닝룸
에서도 대화를 나눌 수 있다.

1F 주방
스테인리스에 상판과 싱크대만 설
치해 제작한 심플한 주방. 벽에 선
반과 폴을 달아 컵이나 조리기구를
보이도록 수납.

압박감이 느껴지지 않도록 디자인한 외관. 진입로에는 옛집을 해체하면서 나온 응회석을 깔았다. 외벽은 모래와 흙을 사용한 연그레이의 미장재를 써서 주변과 이질감 없이 조화를 이룬다.

설계 포인트

가와베 나오야 씨 (가와베 나오야 건축사무소)

각자 자유롭게 생활하지만 고립되지 않고 연결성을 느낄 수 있는 집을 만드는 것이 테마였다. 향후 어머니를 모시고 살 가능성도 있어서 방에 미닫이문을 달아 독립성을 확보했다. 중정과 고창을 내서 개방감을 주었고, 차양을 크게 만들어 여름에 시원하다. 기밀성 높은 새시와 바닥 난방으로 겨울에는 따뜻하게 생활할 수 있도록 했다.

DATA

가족 구성 : 부부 + 자녀 1명
대지 면적 : 207.01㎡(62.62평)
건축 면적 : 78.47㎡(23.74평)
연면적 : 103.88㎡(31.42평)
　　　　B1F・1F 72.71㎡ + M2F・2F 31.17㎡
구조·공법 : 목조 2층 건물(축조 공법)
설계 : 가와베 나오야 건축설계사무소
　　　 www.kawabe-office.com
시공 : 이시즈에칼럼 www.iszclm.co.jp

주요 사양

바닥 **1층** : 토방 콘크리트 쇠흙손 마감 〈에시포드 재팬〉
　　　아쿠아 컬러, **2층·거실** 〈아톰 컴퍼니〉 빈티지 티크 원목재
　　　Bona 오일 마감, **침실·다다미방** : 테두리 없는 다다미
벽 플러스터 보드 12.5mm 폭 AEP 도장
천장 구조재 노출(미송 105×240 반으로 나눈 것)
　　　오일스테인 도장
급탕 〈노리츠〉 에코조즈 GT-C2452ARXBL
주방 제작, **가스레인지** 〈노리츠〉 빌트인 가스레인지
　　　레인지후드 〈후지공업〉 JSERL3R-901Si
　　　수전금구 〈세라 트레이딩〉 혼합수전 FG 32507
욕실 FRP 방수 노출 공법, 욕조 〈Tform〉 FLN72-4303
세면 실제작, **세면볼** 〈Tform〉 ADF70-0401
　　　수전금구 〈Tform〉 ARN73-0701
화장실 〈TOTO〉 네오레스트 D2
새시 〈LIXIL〉 알루미늄 새시, 제작(알루미늄 새시)
현관문 제작 (목제 창호)
지붕 FRP 방수 (비화(飛火) 인증품)
외벽 〈에스케이 화연〉 샌드엘레간테 헤어라인 EG-003
단열법·재질 내단열·주택용 글라스울 20K 100mm 폭

1F 세면실
안쪽에 탈의실과 세탁기를 배치. 미닫이문을 닫으면 생활감이 느껴지지 않는다. 세면볼 아래는 오픈 형식으로 깔끔하게 마감했다.

1F 욕실
노출 콘크리트의 심플한 욕실. 욕조는 절묘한 경사로 안정감 있게 기댈 수 있는 'Tform'의 욕조를 들였다.

1F 화장실
현관 옆의 화장실은 화이트로 청결한 느낌이고, 작은 세면대도 설치하였다. 침실 옆에도 화장실이 있다.

1F 현관
현관 옆에 채광창을 만들어 채광을 확보하였다. 그리고 넓은 팬트리를 두어 신발장과 아웃도어 용품 등을 수납할 수 있다.

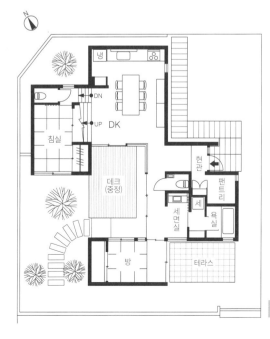

B1F・1F

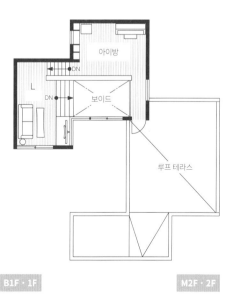

M2F・2F

새집에 세월감을 더하기

빈티지한 매력에 빠지다

새 집의 편리함과 쾌적함에 세월이 주는 운치 있는 아름다움을 더한 새로운 개념의 집짓기가 인기이다.
앤티크 잡화와 빈티지 가구를 활용한 인테리어가 멋스러운 두 집을 소개한다.

01

앤티크를 포인트로 활용해
빈티지한 멋을 표현

아다치 씨 집 (가나가와현)
도예와 바느질 등 취미 부자인 부인과
매일 조깅 5km를 거르지 않는 남편, 10세 딸의 3인 가족.

1F 주방
화이트의 청량감이 느껴지는 주방. 장식 선반과 아일랜드 카운터는 고재를 사용해 빈티지한 멋을 더했다.

모자이크 타일 상판으로
레트로 느낌을 추가

Point 1

Point 2 카운터 장식 선반에 고재를
사용해 빈티지한 느낌을 추가

Point 3

유럽 고택에서 나온
고재를 들보로 활용

Point 4

레인지후드 커버를
회반죽으로 마감

시간이 흐를수록
운치를 더해 가는
테라코타 타일.

Point 5

1F 주방
아이보리색 페인트와 모자이크 타일
로 마감한 주방은 정겨움이 느껴진
다. 가스레인지는 레트로한 디자인
의 '로제르'를 선택.

천연 소재의 자연스런 질감과
디테일을 살린
세련된 빈티지 스타일

1F 거실
보이드를 통해 기분 좋은 빛이 들어오는
거실. 분위기를 더하는 흰색 들보와 심플
한 디자인의 '구로가네 공방' 펠렛 난로가
공간의 질감을 한층 더 높여준다.

1F 거실
회벽과 원목 바닥으로 마감
한 심플 & 내추럴한 거실. 에
이징 가공한 들보는 흰페인팅
으로 투박함은 줄이고 세련된
컨트리 스타일로.

Point **6** 에이징 가공한
하얀 들보가 세련된 멋

Point **7** 색을 혼합해
오래된 느낌을 더한 회벽

Point **8** 클래식하면서도 시원스런
느낌을 주는 광폭 소나무 원목마루

1F 거실
거실과 주방 사이의 벽을 라운드 처리해 유럽의 시
골집 같은 디자인으로. 마루의 폭과 벽의 디테일한
배합이 빈티지함을 더한다.

바닷가에 위치한 오래된 집을 꿈꾸다

결혼과 동시에 주택을 구입해 얼마 전까지 살았다는 아다치
씨. "처음에는 살고 싶은 집의 구체적인 이미지가 없는 상태라
지어 놓은 집을 샀어요. 몇 년 살다 보니 내가 원하는 집은 아
니라는 것을 알게 되었죠. 그리고 우리 가족이 무엇을 원하는
지 생각했어요. 그때서야 천연 소재와 앤티크 같은 빈티지한
멋을 좋아한다는 걸 알게 되었어요."

예전에는 바닷가의 오래된 집에서 사는 게 꿈이었는데, 아
이가 건강하게 자랄 수 있는 환경을 찾게 되었다. 그리고 큰맘
먹고 꿈꾸던 집짓기를 실행하기에 이르렀다.

이후 살던 도쿄의 집을 팔고, 꿈꾸던 바닷가 마을의 임대 아
파트에 살면서 땅을 찾고 집짓기를 계획하였다.

아다치 씨가 집짓기의 파트너로 선택한 곳은 '살라즈'. "주
택 잡지에서 마음에 드는 집을 보니 전부 살라즈의 작품이더라
고요. 망설임 없이 상담하러 갔죠. 앤티크를 좋아하는 취향을
잘 이해해 주었고, 집짓기에 적당히 매치해 취향대로 집이 완
성되었어요."

쾌적하고 편리하게 살 수 있도록 설비와 거주성에 신경쓰면
서 영국의 앤티크 도어, 벨기에의 200년 된 벽돌과 고재 들보
등 앤티크한 부재를 포인트로 넣어 신축이지만 빈티지한 멋이
느껴지는 이상적인 집을 짓게 되었다.

Point 10

**프랑스 고재로 만든
아틀리에의 책상**

Point 11 **시골집 덧창처럼
낡은 느낌으로 마감**

Point 9 **유럽의 바닥돌 같은
대리석 바닥**

1F 아틀리에

DK 옆에는 도예와 바느질을 위한 아틀리에를. 도예는 흙과 물을 사용하므로 바닥에 대리석을 깔았다. "돌바닥이라 썬룸처럼 편하게 쓸 수 있어 가장 좋아하는 공간이에요."

🔲 설계 포인트

소재감에 신경 써 밝고 쾌적하게
───────────────
이가 치에 씨 (살라즈 건축 사무소)

질감을 중시하여 빈티지한 소재와 천연 소재로 포인트를 주었다. 부지가 남북으로 길어 빛이 많이 들 수 있도록 세세하게 칸막이하지 않고 수직벽과 돌출벽으로 적당히 조닝(Zoning)*하였다.

*조닝(Zoning) : 건축 설계에서 사용 용도와 기능에 따라 구역별로 구분하는 것.

1F 바스룸(Bathroom)

욕실과 세면실이 일체형으로 된 개방감 있는 바스룸. 주방과 똑같은 모자이크 타일을 사용해 클린 & 심플함 속에 레트로 느낌을 적당히 넣었다.

1F 화장실

화장실 문은 앤티크하게. 고장난 열쇠를 떼어내고 옛날식 빗장 자물쇠를 조합했다. "현관에서 들어오면 바로 보이는 곳인데 화장실처럼 안 보여서 아주 좋아요."

Point 13 프랑스제 앤티크 문과 빈티지 자물쇠

2F 아이방

소꿉놀이 주방도 아이보리색으로 향수를 자아내는 분위기. "아이도 앤티크를 좋아하면 좋겠지만, 지금은 캐릭터 제품에 푹 빠져있어요."(웃음)

2F 아이방

향후 2개의 방으로 나눌 수 있도록 문을 2개 설치하였다. 발코니와 연결된 문을 보라색으로 페인팅해 파리 느낌으로.

Point 12 오래된 가마를 해체할 때 나온 벽돌. 숫자가 새겨진 것도 멋스럽다

주차공간

현관 욕실

세면실

UP 세 냉

LDK

데크 아틀리에

1F

침실 드레스룸

DN 아이방

보이드

발코니

2F

외관

회반죽으로 깔끔하면서도 따뜻한 느낌으로 마감한 외관.

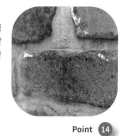

Point 14 벨기에서 공수한 200년 된 고벽돌

DATA

가족 구성 : 부부 + 자녀 1명
대지 면적 : 156.20㎡(47.25평)
건축 면적 : 62.50㎡(18.91평)
연면적 : 105.38㎡(31.88평)
　　　　 1F 60.31㎡ + 2F 45.07㎡
구조·공법 : 목조 2층 건물(골조벽 공법)
설계·시공 감리 : Sala's (Home Sala) www.sala-s.jp

02

최신의 설비를 갖춘 신축에
빈티지 인테리어 더하기

사토 씨 집 (야마가타현)
군인 남편과 잡화점을 여는 게 꿈이라는 아내,
두 딸이 함께 사는 4인 가족.

Point **1** 그레이 모자이크 타일로
복고풍이면서 세련되게

다이닝룸은 넓지 않은 만큼 천장을 높여 개방감을 더했다. 빈티지한 식탁 세트는 '오크스'의 오리지널 제품.

Point ②
**옛 가옥에 사용했던
들보를 재사용**

2F DK
목재의 진한 갈색이 시간의 중첩을 느끼게
해 아늑한 공간으로. 깊은 운치가 있는 바
닥은 광폭 소나무재에 오스모의 도료를 덧
칠해 농담을 넣어가며 느낌을 냈다.

Point ③ **빈티지 느낌을 위해 농담과
흠집을 만들어 낸 원목마루**

북유럽의 복고풍 느낌이 나는 올리브그린 색 소파. 뒷면 벽에 만든 니치에는 녹슬게 처리한 와이어 네트를 설치해 빈티지한 멋을.

2F 거실
스킵 플로어를 이용해 천장고를 약 3m로 만든 거실. 에이징 가공한 들보와 법랑 펜던트 조명이 잘 어울린다. 세로로 뚫은 벽 건너편은 패밀리홀.

DIY와 건축주 직구로 원하던 빈티지 멋을 실현
에이징 기술로 리얼하게 낡은 느낌이 나도록

오랜 세월 사용한 듯한 바닥과 운치 있는 들보가 어우러진 공간에 팩토리 취향의 빈티지 가구가 멋스러운 사토 씨 집.

앤티크를 좋아하는 친구의 영향으로 오래된 물건의 매력에 빠졌다는 아내와, 그런 아내에게 감화되어 자기도 모르게 세월감을 좋아하게 되었다는 남편. 조금씩 모은 빈티지 가구와 앤티크 부재, 복고 느낌의 소재를 활용해 꿈꾸던 로망이 가득한 집을 완성하였다.

건축은 야마가타의 '건축 공방 오크스'에 의뢰하였다.

"건설회사를 여럿 돌았지만 여기다 싶은 곳이 없던 차에 동료에게 오크스를 추천받았어요. 소장님이 마침 저와 비슷한

연배라 의기투합했죠. 마음속으로 그리던 집을 만들 수 있겠다는 느낌이 들어 의뢰하게 되었어요."라는 남편.

예산을 고려해 고재와 앤티크 부재는 포인트로만 사용했고 도장 및 에이징 가공을 통해 빈티지 느낌을 표현했다. 운치있는 바닥 페인팅은 가족이 함께 DIY로 칠했다.

"주말마다 오크스 가공장에 가서 세월감을 더하는 스킬을 배워가며 집안의 마룻바닥 400장을 전부 칠했어요. 처음에는 온 가족이 했지만 마무리는 남편이 다 했어요.(웃음)"라는 아내.

사용감을 살리면서도 쾌적하고 편안한 생활을 위한 고기밀·고단열, 축열 난방, 전전화(全電化, 화석연료를 모두 전기로 대체) 등에도 신경을 썼다. 생활의 편의를 더하는 설비와 기기가 도입되어 꽤 운치 있는 새집을 완성하였다.

Point 5

**녹슬게 처리한
와이어 네트로 낙하 방지**

2F 거실

천장까지 닿을 듯한 거실장은 '오크스'의 오리지널 제품. 바닥과 동일하게 오스모 도료로 마감해 컬러 톤을 맞추었다. 와이어 네트를 댄 오픈 선반은 빛을 차단하지 않고 수납력도 우수하다.

2F 패밀리홀

컴퓨터를 하거나 책을 읽는 등 온 가족의 '문화공간'. 세로로 긴 창을 통해 LDK와 접해 있어 가족들의 인기척을 느끼면서도 자기만의 세계로 빠져드는 최고의 장소.

2F 아이방

LDK와 똑같은 바닥재와 들보, 펜던트 조명 등 아이방도 빈티지 감성이 가득. 블루그레이 컬러가 귀여운 학교 책상풍의 앤티크 책상은 '오크스'의 오리지널 제품.

1F 침실

종이 벽지로 심플하게 마감한 침실. 침대 머리 위에 고재 선반을 달아 포인트를 주었다. 사이드 테이블 대신 쇼와 시대 느낌의 오래된 서랍을 두어 레트로 느낌을 주었다.

Point 6

**사용감 있는 고재로
포인트 선반을**

Point ⑦ **마이너스 나사의 미국산 스위치 플레이트**

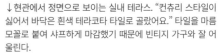

↑침실과 욕실·화장실은 스킵 플로어로 바닥 높이를 올려 '독립된 느낌'을 연출.
↓현관에서 정면으로 보이는 실내 테라스. "컨츄리 스타일이 싫어서 바닥은 흰색 테라코타 타일로 골랐어요." 타일을 마름 모꼴로 붙여 샤프하게 마감했기 때문에 빈티지 가구와 잘 어울린다.

1F 실내 테라스
"가족이 카페처럼 즐기는 세컨드 거실 역할을 해요. 타일 바닥이라 소리가 잘 울려 아이들이 음악을 자주 들어요."라는 남편.

에이징 가공한 디딤판이 마치 떠 있는 것처럼 보이는 스켈레톤 계단. 난간도 같은 소재를 사용해 통일감을 나타냈다.

Point ⑧
스톤 질감의 화이트계 테라코타 타일

빈티지 가구가 카페 분위기를 내는 실내 테라스. "언젠가 이곳에 가게를 오픈하고 싶어요. 정말 먼 꿈이지만요.(웃음)"라는 아내.

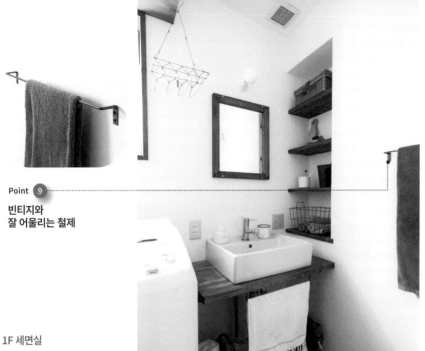

Point 9

빈티지와 잘 어울리는 철제

1F 세면실
세면대 위에 사각형의 세면기를 얹고 니치에 오픈 선반을 설치해 심플하게 정리한 세면실. 빈티지 가공한 목재와 잘 어울리는 철제 수건걸이는 '바스켓'에서 구입.

1F 화장실
붙박이 선반은 수납력도 충분하다. 세면볼은 질감이 있는 도기로, 철제 같은 중량감이 느껴지는 검정색으로 골라 빈티지한 느낌을 더했다.

Point 10

옥션에서 구입한 앤티크 문손잡이

Point 11

묵직한 오크재로 빈티지한 느낌을 낸 현관문

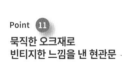

외관
↑ 눈이 많이 오는 지역 특성을 고려해 심플한 사각형 외관으로. 에이징 가공한 목재 발코니로 포인트를 주면서 시선을 차단.
← 현관 포치에도 질감 있는 소재를 사용해 멋을 더했다.

[설계 포인트]

천장 높이로 공간에 변화를

아라키 나오유키 씨 (건축 공방 오크스)

스킵 플로어를 이용해 천장 높이에 변화를 주었다. LDK 등의 공용 공간은 천장을 높여 개방적으로, 침실 등의 방은 낮게 만들어 아늑하게 쉴 수 있는 공간이 되었다.

[DATA]

가족 구성 : 부부 + 자녀 2명
대지 면적 : 200.76㎡(60.73평)
건축 면적 : 78.66㎡(23.79평)
연면적 : 157.32㎡(47.59평)
　　　　　※ 차고와 테라스 포함 1F 78.66㎡ + 2F 78.66㎡
구조·공법 : 목조 2층 건물(축조 판넬공법)
본체 공사비 : 약 2,500만 엔
3.3㎡ 단가 : 약 53만 엔
설계·시공 : 건축공방 오크스 / www.orks.jp

빈티지 느낌 내기 포인트 4

너무 과하지 않으면서 세련되게 빈티지 느낌을 내려면 어떻게 해야 할까?
소재 선택이나 도입 범위 등 중요 포인트를 현장 전문가에게 물었다. 미팅에서 자주 받는 질문도 참고해 보자.

Point 1

고가의 고재는
포인트로 사용하라

고재로 바닥 전체를 시공하면 좋겠지만 예산이 많이 든다. 비용을 줄이면서 빈티지감을 내려면 들보나 선반널, 창문 선반 등 포인트가 되는 부분에 고재를 사용할 것을 추천한다. 고재 부분이 많으면 따스한 분위기를, 적으면 적당한 사용감을 즐길 수 있다.

Point 2

에이징 가공은 디테일에 신경 쓰지 않으면
싸구려 느낌이 나므로 주의!

목재를 가공하거나 페인트 칠해 오래된 느낌을 내는 에이징 가공. 사용감을 연출하는데 중요한 스킬이지만 디테일에 신경 쓰지 않으면 싸구려 느낌이 난다.
문손잡이나 핸들은 자주 만지는 부분의 페인트가 벗겨진 것처럼, 나무 부분의 상처나 마모된 부분은 실제 생활에서 상처가 나기 쉬운 곳을 상정해 시간의 중첩을 느끼게끔 섬세하게 마감한다.

Point 3

외국의 앤티크 도어는 사이즈 확인!
설계자와 상담 후 구매할 것

유럽이나 미국의 문은 사이즈가 크기 때문에 모처럼 마음에 드는 디자인을 구해도 치수가 맞지 않는 경우가 발생한다. 디자인에 따라서는 사이즈를 줄일 수도 있지만 비율이 달라져 전체적인 느낌이 변한다. 앤티크 도어를 사용할 곳이 정해지면 어느 정도의 크기가 적당한지 사전에 설계자와 상담해 두는 게 좋다.

Point 4

설비기기나 전자제품은
가급적 보이지 않도록

레인지후드나 공조 설비, 냉장고 등의 대형 전자제품은 쾌적한 생활을 위한 필수품이지만 빈티지 느낌을 살리는 데는 방해가 되기도 한다. 가능한 눈에 띄지 않는 장소에 배치하는 평면을 검토하거나 목제 커버로 가리기, 레인지후드는 벽과 똑같은 회반죽이나 규조토로 마감하는 등 전체 인테리어를 해치지 않도록 고민해 보자.

Q&A

Q 앤티크 부재의 벌레 구멍이 신경 쓰이는데 그대로 사용해도 될까요?

A '느낌상 기분이 나쁜' 것은 이해하지만 아주 오래전에 생긴 구멍으로 벌레가 살아있는 것은 아니니 안심하세요. 벌레 먹은 구멍이 구조에 영향을 주는 경우는 없어요.

Q 앤티크 벽돌은 실내와 실외 모두 사용할 수 있나요?

A 사용할 수 있지만 오래된 벽돌은 결빙되면 깨지는 경우도 있어요. 실외에 사용한다면 그 점을 고려하세요. 현관 진입로 바닥돌은 깨짐 현상(크래시)도 훌륭한 멋을 냅니다.

Q 앤티크 조명기구는 그대로 써도 되나요?

A 앤티크 숍에서 판매하는 것은 수리된 제품이므로 문제가 없지만, 혹시 기구의 열화로 누전 등이 걱정된다면 전등갓만 활용할 수도 있어요. 앤티크 유리 펜던트는 공간의 분위기를 살려줍니다.

주방과 다이닝룸이 돋보인다

사람이 모이는 생활의 중심

먹고, 이야기하고, 공부도 하고……. 가족이 자연스럽게 모이는 곳은 역시 주방과 다이닝룸!
여럿이 어울려 시간을 보내기에도 좋은 주방과 다이닝룸을 세심하게 설계하고 꾸민 멋진 세 집을 소개한다.

O1

집 전체가 한눈에 들어오는 주방에서
좋아하는 요리를 하는 행복

K씨 집 (오사카부)
돌하우스(Doll house) 작가인 부인과
아웃도어가 취미인 남편, 한 살 된 아
들의 3인 가족. "아이가 어느 정도 자
라면 우리 집을 돌하우스로 만들어 보
고 싶어요."

2F DK
흰색을 기본으로 한 산뜻한
주방. 이후 쿠킹 교실을 열고
싶어하는 부인의 희망에 따라
주방을 중심으로 많은 사람이
모일 수 있도록 설계.

2F DK   주방 벽에만 타일을 붙여 LDK로 이어지는 큰 공간을 완만하게 구분. 식탁과 의자는 '얼콜(Ercol)' 제품.

2F 주방
1 정수 기능까지 갖춘
수도꼭지는 '그로헤'로
건축주가 직접 초이스.
2 도마와 저울 등을 넣
는 오픈 타입의 서랍.
임시 작업 공간으로도
활용한다. 3 상부장 없
이 오픈 선반을 설치.
'보여주고 싶은'물건을
바꿔가며 진열하고 있
다.

흰색 문 가장 안쪽은 팬트리. 앞쪽에
가전제품을 두었다. "팬트리는 물건
보관과 관리가 쉬워 강력 추천하는
플랜이에요."

싱크대 상판은 스테인
리스를 선택. '흠집 신경
쓰지 않고 요리할 수 있
도록' 처음부터 약간 흠
집을 낸 특수 가공 제품
을 골랐다.

스푼과 포크 모양의 손
잡이. '오랫동안 찾은 끝
에 겨우 발견한' 애착 물
건.

2층 계단을 오르면 가장 먼저 오픈 주방이 눈에 들어온다.

"모든 공간을 다 신경 썼지만 주방은 특별해요. 집짓기를 계획하기 전부터 '고베 스타일' 주방을 좋아했어요. 꼭 이곳에서 주방을 맞춰야겠다고 생각했죠."

주택 건설은 건축설계 사무소 '프리덤 아키텍츠 디자인'에 의뢰. 수많은 잡지 스크랩을 참고해 원하던 대로 '주방이 중심인 집'을 만들었다.

"2층 LDK에 들어섰을 때 주방이 어떻게 보이는지를 고려하면서 담당자와 여러 번 미팅을 했어요. 작업 효과를 높이고 식탁 쪽에서 잘 보이지 않도록 싱크대와 가스레인지는 벽면으로 나란히 설치했죠. 아일랜드 테이블은 피자와 과자를 만들거나 배식대로 쓰는 등 편하게 사용하려고 상판을 스테인리스로 했어요."

수납은 팬트리를 설치해 깔끔함을 유지. 냉장고나 전자레인지 등의 가전제품도 눈에 잘 띄지 않도록 안쪽 공간에 두었다. 이로써 LD와 인접해 있어도 정리된 주방으로 완성.

"아이가 너무 어려서 한시도 눈을 뗄 수 없는데, 이 주방에서는 요리하면서 지켜볼 수 있어 안심이에요."

1F 자유 공간

지금은 창고로, 이후 아이방으로 만들 예정이다. 슬라이딩 문으로 현관과 분리해 두었다.

2F 아이방

DK 옆에 있는 공간은 아이방으로 쓰고 있다. "주방에서도 보이고 가까워 편해요."

1F 현관

계단 오른쪽은 청소기 등을 두는 수납장. 건축주가 직구한 수입 벽지를 발라 현관을 밝게 연출했다.

2F 발코니

DIY로 '이케아' 데크재를 사서 깔았다. 집 짓기에서 직접 할 수 있는 것은 최대한 참여하였다.

외관

실내의 내추럴 분위기와 대조적인 심플한 외관. 창을 무작위로 배치한 것이 재미있다.

DATA

가족 구성 : 부부 + 자녀 1명
대지 면적 : 149.14㎡(45.11평)
건축 면적 : 54.27㎡(16.42평)
연면적 : 93.56㎡(28.30평)
　　　　1F 48.60㎡ + 2F 44.96㎡
구조·공법 : 목조 2층 건물(축조 공법)
본체 공사비 : 1,527만 엔
3.3㎡ 단가 : 약 54만 엔
설계·시행 : 프리덤 아키텍츠 디자인 우메다 스튜디오

2F 거실　와카야마현 요시노에서 찾은 삼나무재 바닥과 대들보가 가장 포인트. 천장에 거의 닿도록 고정 창을 설치해 빛이 가득 들어온다.

LOFT

흰색 사다리는 친정 아버지의 친구가 만들고 아버지가 페인트 칠했다. 건축주가 아이템을 직접 조달해 비용 절감에도 기여.

2F 화장실

벽지로 마감한 화장실. "흰색과 목재가 기본인 집에 무늬를 넣고 싶었어요. 화장실은 포인트 주기에 더 없이 좋은 곳이에요."

설계 포인트

평면도 예산도 주방을 중심으로 계획

프리덤 아키텍츠 디자인 우메다 스튜디오

주문 주방을 중심으로 전체 평면을 설계. '지금의 우리에게 맞는 집을 짓고 싶다'는 건축주의 요구에 따라 쾌적성과 디자인의 장점은 살리고, 건축주가 물품을 직접 조달하는 등 비용을 절감한 것도 포인트다.

145

1F DK 아일랜드 주방에 카운터를 연결한 배치는 식사를 서빙하고 정리할 때 가족의 참여를 돕는다.

02

가족과 손님 누구라도 '웰컴 키친'

Y씨 집 (도쿄도)
부부와 초등 6학년 딸, 2학년 아들이 사는 4인 가족. 아이들은 그림과
영어 회화, 부인은 가드닝, 남편은 DIY로 취미 부자 가족이다.

1F 다이닝룸
다이닝룸 안쪽의 미닫이문은
세면실과 욕실 공간으로, 집
안일은 대부분 여기서. 왼
편의 가방걸이는 남편이 DIY
로 제작. 뒷면은 코트걸이.

1F 주방
↑ 주방과 연결된 팬트리. 숨기고 싶은 냉장고
도 여기에.
←가스레인지 주변의 벽은 브릭 타일, 싱크대
상판은 흰색 타일, 바닥은 패블스톤(조약돌과
자연석을 절삭, 일정한 두께로 가공한 바닥재)
등 소재 선택에도 신경 썼다.

느낌 있는 철제 대문을 열면 녹음으로 둘러싸인 진입로가 나오고 현관으로 이어진다. 실내에 들어서면 큰 아일랜드 주방이 맞아주는 Y씨 집. '웰컴 키친'은 아내의 로망이 담긴 플랜이다.

"설계를 의뢰한 플랜박스 사무소가 이런 스타일이에요. 방문했을 때 현관홀이 따로 필요 없다는 걸 실감했어요. 주방에 서 있으면 데크 쪽 창문으로 진입로가 보여 문을 열기 전에 누가 오는지 알 수 있어요. 다이닝룸이 거실보다 손님을 접대하

기 쉽고, 손님도 편해하는 것 같아요."

현관을 비롯한 거실, 세면실, 작업실 등 모든 생활 공간이 주방과 연결. 가족이 어디에 있든 집안일 하는 아내가 볼 수 있도록 아이디어를 냈다.

"혼자 주방에 있는 걸 싫어해요.(웃음) 아이들은 잘 때 빼고는 대부분 1층에 있으니까 계속 같이 있을 수 있어 대만족이에요. 특히 다이닝룸의 홈오피스 공간이 온 가족의 만족도가 높은

1F 썬룸
↑썬룸을 지나 2층으로. 아치형 입구를 돌아가는 느낌이 재미있다.
←주방과 같은 스톤 바닥. 식물이 돋보이는 내추럴한 공간이다. 왼편 유리창으로 마당이 살짝 보인다.

1F 세면실
화장실과 세면대 사이에 문을 달지 않고 오픈으로. 계단 밑 공간을 효과적으로 활용했다. 거울도 남편의 작품.

1F 거실
'TRUCK'의 소파만 놓아둔 심플한 거실. 알루미늄 새시 안쪽을 나무로 케이싱 (casing)하여 인테리어 포인트로.

외관
흰색 '졸리코트'로 심플하게 마감한 외관과 철제 대문이 따뜻함을 더해준다. 차고 옆 화단에는 계절마다 꽃들이.

진입로
소박한 질감의 침목을 놓고 그 사이에 호두 껍질을 깔았다. 식재는 꽃집을 하는 동생의 도움을 받았다.

1F 현관
현관은 홀 없이 바로 DK. 신발이나 우산 등은 오른쪽 벽면 수납 공간에, 캠핑용품 등은 외부 창고에 수납.

2F 평면도 (아이방, 아이방, 발코니, DN, 침실)

1F 평면도 (욕실, 세, 세면실, 홈오피스, 펜트리, 냉, DK, 현관, 썬룸, UP, L, 데크, 주차공간)

1F 가사 코너
다이닝룸 안쪽의 가사 코너에서 재봉질이나 뜨개질 등을 한다. 반 오픈 공간이라 집중할 수 있다.

1F 홈오피스
식탁과 나란히 카운터를 설치. 식사는 물론이고 엄마와 이야기하며 숙제나 컴퓨터를 하는 등 용도가 다양하다.

데, 저도 어느새 이곳에서 책을 읽고 있더라고요."

다이닝룸과 거실 사이에는 실내지만 식물을 즐길 수 있는 썬룸을 배치. 벽면은 유리로, 바닥은 타일로 마감한 '반옥외' 같은 공간 덕분에 집 전체가 여유롭게 느껴진다. 오갈 때마다 잠시 여유를 느끼는 힐링 공간이다.

설계 포인트

DK와 거실의 성격을 고려해 플래닝

와쿠이 다쓰오 씨, 고야마 가즈코 씨
(플랜박스 건축사 사무소)

가족과 손님이 모이는 곳이자 가사 공간임을 고려해 DK는 사람이 지나다닐 수 있도록 설계. 반면에 온전한 휴식 공간인 거실은 가장 안쪽에 만들어 느긋하고 편안하게 쉴 수 있도록 했다.

DATA

가족 구성 : 부부 + 자녀 2명
대지 면적 : 149.14㎡(45.11평)
건축 면적 : 52.25㎡(15.81평)
연면적 : 95.80㎡(28.98평)
　　　　 1F 52.25㎡ + 2F 43.55㎡
구조·공법 : 목조 2층 건물(축조 공법)
설계 : 플랜박스 건축사 사무소
　　　 (고야마 가즈코, 와쿠이 다쓰오)
　　　 www.mmjp.or.jp/p-box/
시공 : 가와바타 건설

2F LDK
거실에서 바라본 다이닝룸과 주방. 화이트 실내에 옛날 대패로 거칠게 다듬은 갈색 들보, 실내 창이 포인트.

2F 다이닝룸
원목의 올드 티크 테이블 세트는 '콰트르세종'에서 구입. 이 테이블을 기준으로 창과 들보의 배치를 정했다고 한다.

03

부모님과 사는
2세대 주택
공간을 즐기는
자연 소재의 집

I씨 집 (아이치현)
시부모님, 여동생과 2세대 주택에 사는 I씨 부부. 이전에는 사택에서 살았다. 발코니에 식물을 많이 심고 바비큐를 즐기는 생활을 꿈꾼다.

2F 침실
부부 침실에는 니치를 설치했다. '무인양품'의 심플한 침대에 '오브'의 앤티크풍 미니 샹들리에를 달았다.

계단
짙은 갈색으로 도장한 소나무재 계단에 철제 난간. 벽면에 디스플레이를 즐길 수 있도록 스포트라이트를 설치한 니치를 만들었다.

2F 방
미래에 2개의 아이방으로 만들 수 있도록 문, 스위치, 톱 라이트까지 2개를 설치했다. 부부 침실과 드레스룸으로 연결되어 있다.

"장남이라 언젠가는 부모님과 함께 살아야겠다고 막연하게 생각했는데, 마음에 드는 집을 만나게 되었어요." 따뜻한 느낌의 자연 소재로 지어진 집에서 살고 싶다는 I씨 부부의 꿈을 이루어준 것은 '샤르도네 홈(주문 주택회사 브랜드)'이었다.

"당시 20대 초반이었던 저희 부부의 이야기를 성실하게 들어주어 믿음이 가더라고요."

부모님도 좋아하셔서 추억이 많은 본가를 다시 짓기로 하였다.

아내는 "가사 동선이 짧은 것도 중요하지만 요리하고 사람들 초대하는 걸 좋아해서 주방을 중심으로 다이닝룸과 거실이 일체화된 공간"을

2F 주방
시어머니와 함께 요리도 할 수 있는 넓은 주방. 벽과 카운터의 니치가 카페 분위기를 낸다.

⇐ 벚나무 재질의 문과 타일을 시공한 뒷면 카운터. 주방은 '샤르도네' 오리지널 제품이다. 식기는 서랍에 수납. 전자레인지와 전기밥솥도 인출식 서랍에.
← 카운터 옆면은 타일 마감을 하고, 상판은 마음껏 요리할 수 있도록 인조 대리석으로.

ꞏꞏꞏꞏꞏꞏ 여기도 신경 썼어요 ꞏꞏꞏꞏꞏꞏ

다양한 방문 손잡이와 표시 자물쇠

침실은 '퀵세트(Kwikset)'의 놋쇠 제품.

'엠테크'의 유리 제품은 거실에.

화장실 문에 단 '노던 라이츠' 표시 자물쇠.

화장실은 '엠테크'의 도기 제품.

원했다. 아내의 로망대로 기능을 갖췄을 뿐만 아니라 타일 상판으로 마감한 주방 싱크대는 이 집의 주인공이 되었다. 니치나 오픈 선반에 좋아하는 것들을 진열하여 주방과 다이닝룸을 기분 좋은 공간으로 꾸몄다.

"덕분에 사람이 많이 모이는 집이 됐어요. 친구들은 '카페 같다!'며 차를 마시러 오고, 파티하는 것도 좋아해서 기회가 있을 때마다 부모님과 형제를 초대해요." 손님이 찾아오니 휴일 외출이 줄었다는 두 사람.

"별일 없이 있어도, 카페에 가지 않아도, 집에 있는 것이 즐거워요. 공간 자체를 즐길 수 있는 집이 완성되어 기뻐요."

149

2F 주방과 팬트리
주방과 팬트리가 연결된 동선. 아치형에 미닫이 문을 달아 오픈해도 닫아도 예쁘다.

2F 거실과 주방
"거실과 잘 어울리는 주방이 되도록 인테리어에 신경 썼어요"

2F 팬트리

선반을 활용해 식료품 수납을, 실내창과 컴퓨터 책상을 두어 작업실로도 쓸 수 있도록 설계하였다.

'집안일을 한 번에 모아 하고 싶다는 부인의 희망에 따라 세탁기도 팬트리에 두었다.

1F 현관
← 계단 옆에 니치를 만들어 계절별 인테리어를 즐긴다. 왼쪽 미닫이문을 열면 부모님 집 거실이다.
←← 2세대 주택이지만 현관은 하나로 만들어 서로의 안부를 확인할 수 있다. 신발장은 복도 벽면에 설치했다.

■ 설계 포인트

아이디어를 통해 넓게 느껴지는 집으로

혼다 미치다카 (샤르도네 오카자키점)

건평 25평에 2세대 주거라는 조건이어서 효율적인 평면과 공간 연출에 신경 썼다. 경사진 천장과 넓은 발코니로 개방감을 주고 니치와 창문, 조명으로 포인트를 만들어 시각적으로 넓어 보이게 설계하였다.

2F 거실
천장에 경사를 만들어 넓게 연출. 바닥은 소나무 원목마루, 벽은 조습 효과가 있는 천연 소재로 마감하였다. 철제 커튼 레일에 커튼은 부인이 직접 만들었다.

2F 거실
'MOMO natural' 소파에 인터넷에서 한눈에 반해 구매한 올드 킬림 쿠션으로 컬러 포인트를.

2F 세면실
← 세탁기를 두지 않아 공간이 넓다. 부인의 취향에 따라 바닥은 하늘색 바둑판 무늬 타일로, 세면대는 흰색 타일로 시공.
↑ 타일을 시공한 카운터에 '캐틀 세종'의 거울과 '그로헤'의 수전금구를 함께.

2F 화장실
비즈 조명, 철제 휴지걸이 & 수건걸이로 분위기 있는 화장실 완성. 디퓨저 등을 둘 수 있는 니치도 제작.

외관

정사각형 느낌을 좋아하는 남편은 심플한 외관을 선호. 1층은 부모님과 여동생, 2층은 I씨 부부의 집이다.

고재 선반과 화분은 오카자키시의 'F45'에서 구입했다. 심플한 문설주가 순식간에 정크한 분위기로.

DATA

가족 구성 : 부부 + 시부모님 + 여동생
부지 면적 : 151.78㎡(45.91평)
건축 면적 : 83.61㎡(25.29평)
연면적 : 157.76㎡(47.72평) 1F 80.74㎡ + 2F 77.02㎡
구조·공법 : 목조 2층 건물(재래공법·더블 단열)
본체 공사비 : 약 2,920만 엔 (세금 별도)
3.3㎡ 단가 : 약 61만 엔
프로듀스 : 샤르도네 오카자키점
설계 : 라니·아트 플래닝
시공 : 마루이치 주택 건설

151

집짓기 경험자에게 들었다
만족도 120% 코너 & 공간

새집에 입주하기 전에는 과연 만족하며 쾌적하게 생활할 수 있을지 기대와 걱정이 교차하기 마련이다.
그래서 집을 지어본 경험자들에게 물었다. 생활의 편안함과 일상의 즐거움에 효과를 발휘하는
만족도 120% 코너 & 공간은 어디인가? 살기 좋은 집을 짓는데 참고가 될 의견들을 Part 1. 집안일이 편해지는 코너&공간 /
Part 2. 아이를 위한 코너&공간으로 / Part 3. 취미 · 오락실 / Part 4. 손님 접대 공간으로 나눠 소개한다.

1 PART 집안일이 편해지는 코너 & 공간

요리와 세탁, 정리 등 매일 하는 집안일과 관련된 공간의 플래닝은 집짓기에서 가장
만족도가 높고 중요한 부분이다. 집짓기 경험자들이 말하는 '이 공간 덕분에 집안일이
편해졌다.'는 '만족도 120% 코너 & 공간'이다.

팬트리 & 세탁실 덕분에
가사 부담이 확 줄었어요

K씨 (부부 + 자녀 2명) / 도쿄도

DK를 가운데 두고 양끝으로 팬트리와 세탁실을 설치하였다.
두 곳 모두 생활감이 많이 드러나는 공간이라 숨겨두는 '뒷공
간'으로 배치하였다. 팬트리에는 자잘한 물건부터 식료품, 그
릇, 평상시 사용하는 액세서리까지 수납. 아이가 아직 어려
외출 직전에 여기서 얼른 액세서리를 걸친다.

아쉬운 점은 내부에 콘센트를 설치하지 않은 것. 충전기나
전기밥솥, 커피 메이커 등을 사용할 수 있으면 더욱 편리할
것 같다.

세탁과 관련한 일은 모두 세탁실에서 해결하는 것도 편리.
식사 준비를 하는 사이에 세탁기를 돌리거나, 세탁물을 말리
고 빨래를 갤 수 있어 효율적이다. 또한 LD에서 아이가 노는
모습을 볼 수 있어 안심이다. 미닫이문을 설치해 문을 닫으면
세탁물을 가릴 수 있다는 것도 아주 마음에 든다.

세탁실과 팬트리를 겸한 유틸리티 설치
프라이빗 공간으로도 쓰고 있어요

I씨 (부부 + 자녀 1명 + 부모님 + 여동생) / 아이치현

LDK 한쪽에 세탁실과 팬트리를 겸한 유틸리티를 만들었다. 메인 생활공간에서 벗어나지 않고 세탁이 가능한 데다 주방에서 가까워 요리 중에 식료품을 꺼내기도 편하다.

　또한 LD를 어지럽히는 생활용품도 이곳에 수납하였다. 내부에 마련한 데스크는 나만의 작은 프라이빗 공간으로, 아들이 태어난 이후에 부피가 큰 기저귀와 아기용품도 수납하고 있다. 손님이 왔을 때는 잠깐 수유를 할 때도 큰 도움이 된다.

'참여형 주방'으로 만들어
가족의 집안일 참여가 늘었어요

S씨 (부부 + 자녀 2명) / 도쿄도

DK에 사람이 편하게 모일 수 있도록 식탁과 주방 카운터를 일체형으로 한 참여형 주방을 만들었다. 어른들이 요리하고 뒷정리하는 모습을 봐서 그런지 아이들도 자연스럽게 도와주고 있다. 남편도 커피를 직접 내리고 휴일이면 밥을 하기도 한다.

우리 집은 맞벌이라 항상 정리된 오픈 주방을 유지하려면 아이디어가 필요했다. 넉넉한 수납공간, 대형 식기세척기, 쓰레기를 즉석에서 처리할 수 있는 디스포저 등을 설치하여 만족도 높은 주방이 되었다.

1F

텃밭과 연결된 뒷문을 설치
매일이 내추럴 라이프예요

다나카 씨 (부부 + 자녀 2명) / 아이치현

현관 외에 DK에서 텃밭으로 나가는 뒷문을 만들었다. 실내에 토방 같
은 공간을 갖고 싶었고, 정원에 블루베리와 허브를 키우면 요리 중에
도 따러 나가기 쉬울 것 같았다. 지금은 텃밭 채소를 따러 매일 이 문
을 드나들고 있다. 뒷문은 야채 보관에도 편리. 흙이 묻은 채로 바구니
에 넣어두는데 흙바닥이어서 바닥이 더러워질까 걱정할 필요도 없다.

통풍이 잘되는 계단홀에 실내 건조 공간을 확보
매일 밤 집안일이 편해졌어요

곤도 씨 (부부) / 지바현

우리 집은 맞벌이 부부라 밤에 빨래를 하는 경우가 많아 실내 건
조 공간은 필수였다. 궁리 끝에 세탁기가 있는 세면실과 가깝고
통풍도 잘되는 계단홀을 선택했다. 항상 샤워 중에 세탁기를 돌리
고, 목욕이 끝나면 빨래를 너는데 이곳이 최적의 장소였다.
매일 젖은 무거운 빨래를 들고 옮기지 않아도 되니 정말 편하다.
계단홀은 1층 LD와 보이드로 연결되는데, 겨울에는 거실의 장작
난로에서 온기가 올라와 빨래가 빨리 마른다.

세면실 작은 창과 발코니가
생각보다 편리!

K씨 (부부 + 자녀 2명) / 가나가와현

우리 집은 2층 세면실에 세탁기를 놓고 속옷과 수건을 넣어
두는 선반을 창가에 설치했다. 이 선반과 창문이 빨래 건조
에 큰 역할을 하고 있다.

창문 너머가 건조용 발코니라서 빨래 바구니를 이 선반
위에 올려두면 밖에서 편하게 손이 닿는다. 무거운 빨래 바
구니를 들고 거실에서 발코니로 돌아갈 필요가 없고 선반
높이가 허리 높이와 같아서 굽히지 않고 빨래를 손으로 집
을 수 있다.

통로식 팬트리로
가사 효율과 수납력에
100% 만족해요

O씨 (부부 + 자녀 2명) / 가나가와현

팬트리는 막힌 공간이 아니라 복도와 주방 양
쪽에서 출입 가능한 통로식으로 만들었다. 장
을 보고 돌아오면 복도 쪽에서, 요리 중에는
주방 쪽에서 접근 가능. 출입구에 문을 달지
않아 양손에 물건을 들고도 쉽게 드나들 수
있어 편하다.

과자 만들기가 취미여서 레시피 책과 제과
재료, 조리기구가 많은데 양쪽에 천장 높이까
지 선반을 달아 충분한 수납량을 확보했다.
폭이 좁은 선반은 물건을 포개지 않고 한눈에
볼 수 있어 식료품 수납에 좋다.

세탁물 일시 거치공간이 있어 편리하고
세면실도 깔끔해졌어요

K씨 (부부 + 자녀 2명) / 아이치현

나의 세탁법은 '세탁물을 옷걸이에 걸어 실내에 두었다가 한꺼번에 밖으로 내놓는' 스타일이다. 그래서 세면실 안에 일시 거치용 폴을 설치했다. 빨래를 할 때는 오픈, 끝나면 문을 닫을 수 있도록 한 것도 포인트. 빨래 건조가 편한 것은 물론이고 쓰지 않는 옷걸이도 깔끔하게 정리할 수 있다. 폴을 좀더 앞쪽으로 설치했다면 긴 옷도 걸 수 있어 더욱 편리했을 것 같다.

옷을 빨리 넣고 뺄 수 있고
공간 낭비 없는 오픈식 옷장이라 편리

I씨 (부부 + 자녀 1명) / 가나가와현

정리정돈이 서툰 편이라 옷을 쉽게 정리할 수 있는 옷장을 건축가에게 요청. 통풍·채광용 창과 균형을 이루도록 벽 한 면에 오픈식 옷장을 설치하였다.

옷이 한눈에 보여 선택하기 쉬운 점, 폭이 알맞아 낭비되는 공간이 전혀 없다는 점, 빨래 건조 데크와 가까워 빨래를 걸어 수납까지의 동선이 짧다는 점도 장점이다. 다만 방충제가 필요한 아기는 옷들은 기밀성 있는 옷장에 넣어둔다.

157

통로식 드레스룸 덕분에
수납 동선이 훨씬 짧아졌어요

K씨 (부부 + 자녀 2명) / 도쿄도

온 가족의 옷을 한곳에 관리하기를 원했다. 건축가의 제안으로 복도에서 들어와 침실로 나갈 수 있는 통로식 드레스룸을 설계하였다.

사용해 보니 만족도 120%! 귀가하자마자 실내를 경유하지 않고 옷을 걸고 가방도 둘 수 있고 말린 빨래를 정리하러 가기도 편하다. 우리 집 고양이가 드레스룸 내부로 들어오지 못하도록 복도 쪽에는 미닫이문에 열쇠를 달았다.

현관에서 신발을 신고 들어가는
창고로 수납 대만족

가토 씨 (부부 + 자녀 2명) / 도쿄도

현관에 신발장과 별도로 신발을 신고 들어가는 창고를 만들었다. 비용 절감을 위해 문 없이 커튼을 달았다. 부츠나 레인코트, 캠핑용품 등 신발장에 들어가지 않는 것들이 바닥을 더럽힐 걱정 없이 수납할 수 있다.

아이들은 테니스와 축구, 남편은 골프, 스키는 가족 모두가 즐기는 스포츠로, 가족의 스포츠용품을 넣는 공간으로도 꼭 필요하다.

슈즈룸 덕분에 현관이 항상 깨끗해요

기시모토 씨(부부 + 자녀 2명) / 효고현

딸이 둘이다 보니 신발이 늘어날 것을 고려해 현관에 슈즈룸을 설치했다.
내부에는 신발용 선반과 가족의 옷을 걸어 두는 바와 소품을 정리한 바구
니 등을 두는 벤치도 설치했다.

　외출하기 전에 2층 옷장까지 가지 않아도 현관에서 외출 준비를 할 수
있다. 현관을 통해 현관홀로 나올 수 있도록 만들어 가족은 매일 이곳을
통해 출입한다. 한편 손님을 맞는 현관홀에는 생활용품이 나와 있지 않은
깔끔한 상태를 유지하고 있다.

현관과 주방을 잇는
복도 수납으로 집안이 깔끔!

요코야마 씨 (부부 + 자녀 1명) / 가나가와현

복도의 한쪽 벽면은 슈즈룸, 반대쪽은 팬트리로. 현관에서 주방으로
연결되는 복도여서 식료품이나 일용품을 사와 그 자리에서 수납정리
할 수 있다. 신발과 아이의 야외 놀이감도 바로 정리한다.

　우리 집은 손님이 많이 오므로 수납장을 바닥에서 띄워 신발을 넣
어둘 수 있도록 한 것도 포인트. 손님이 왔을 때도 현관 바닥이 신발
로 가득 차지 않고 정돈된 현관을 유지할 수 있다.

2 PART 아이를 위한 코너 & 공간

아이도 부모도 즐겁고 느긋하게 지낼 수 있는 집을 만들고 싶다는 콘셉트로 만든
코너를 모았다. 참고하고 싶은 아이디어가 가득하다.

주방 옆에 놀이 공간을 만들면
가족의 일체감 상승

T 씨 (부부 + 아이 2명) / 사이타마현

집을 지을 당시 아이가 어려서 집안일을 하는 동안에도 아이를 지켜볼 수 있는 설계를 원했다. 그래서 주방 바로 옆에 놀이 공간이 있는 평면을 선택했다. 안쪽에 카운터를 설치해 숙제나 여러 작업도 할 수 있게 했다.

덕분에 가족이 늘 함께 있는 생활을 실현. 아이들이 잠든 후에 거실 조명은 끄고 이 작은 공간의 불빛만 켜놓고 영화를 보기도 한다. 아치형 입구에서 새어 나오는 빛을 즐길 수 있고 에너지도 절약된다.

아이 성장에 맞춰 유연하게
사용할 수 있는 거실 평상을 애용 중

이시다 씨 (부부 + 자녀 1명) / 도야마현

하나쯤은 갖고 싶었던 다용도 공간을 LDK에 만들었다. 아이가 어릴 때는 기저귀를 갈거나 낮잠 자는 공간으로, 조금 크면서 놀이 공간으로, 초등학교에 들어가면 책상을 놓고 숙제하는 공간 등으로 사용할 계획이다. 다양한 용도로 활용할 수 있다는 것이 특히 맘에 든다.

아이에게도 "이곳에서는 마음대로 해도 돼."라고 말하고 맘껏 어지를 수 있도록 한다. 방 한쪽에 스포트라이트 조명을 설치하고 도코노마 대신 인형 등 계절감 있는 물건으로 장식하고 있다.

넓은 벽면은
아이들의 작품 갤러리로

K씨 (부부 + 자녀 2명) / 도쿄도

거실 벽면에 아이들의 작품이나 가족 사진, 어린이집 선생님의 수제 카드 등을 장식했다. 넓은 벽면이 가능했던 것은 건축가가 창문 설치 방법에 변화를 준 덕분이다.

남면(도로 측)의 큰 창을 통해 빛을 충분히 받아들이고 다른 면에는 지창이나 통풍용 작은 창만 만들었다. 덕분에 장식하고 싶은 것을 자유롭게 배치할 수 있는 '여백의 벽'이 생겼다. 아이가 그린 그림을 가까이 두면 마음이 따뜻해져 사랑스러운 인테리어로 즐기고 있다.

욕실과 이어지는 발코니는
아이들의 야외 놀이공간

S씨 (부부 + 자녀 2명) / 도쿄도

'저녁 하늘과 별을 보며 목욕을 하는 노천탕 기분을 즐기고 싶다.'는 로망을 실현하기 위해 발코니와 접해 있는 욕실을 만들었다. 아이방에서도 이 발코니로 나올 수 있도록 한 것이 포인트. 여름에는 풀장, 겨울에는 눈 장난. 무선 조종차와 천체 관측, 물총 싸움 등 실컷 논 뒤에는 바로 욕실로.

벗은 채로 발코니로 나가도 높은 벽으로 둘러싸여 있어 안심이다. 풀장 놀이를 할 때는 욕실의 샤워 호스를 길게 만드는 등 데크에서도 더운물을 쓸 수 있도록 만들어 편리하다.

가족 라이브러리 덕분에
아이들도 책을
좋아하게 되었어요

K씨 (부부 + 자녀 2명) / 도쿄도

2층 다목적실 한쪽에 책장 2개를 만들어 온 가족의 책을 꽂았다. 아이들 그림책은 마침 침실 입구 옆에 꽂혀있어 매일 밤 침대에 들어가기 전에 좋아하는 그림책을 들고 와 "이것 읽어줘!"라고 한다. 자연스럽게 독서 습관이 생겼다.

서가의 메인 책은 남편이 좋아하는 역사책. 아이들이 아직은 읽지 못하지만 언젠가 흥미의 폭을 넓혀주지 않을까 기대하고 있다.

낮은 벽으로 분리한 라이브러리 겸
홈오피스는 수납에도 효과적

E 씨(부부 + 자녀 2명) / 도쿄도

거실 한 모퉁이를 키 작은 벽으로 분리하고 안쪽을 홈오피스로. 공용공간에서 아이들이 공부하길 바랐지만, 너무 개방된 곳은 집중이 안 될 것 같아 마련한 공간이다. 결과는 대성공!

위쪽이 트인 분리벽이라 답답한 감이 없고 컴퓨터와 책, CD 등 잡다한 물건은 벽으로 가려지니 아주 만족스럽다. 아이가 공부하는 동안 TV가 켜져 있어도 화면이 보이지 않아 나름 집중할 수 있는 것 같다.

거실에 만든 아이용 홈오피스에서
만들기에 열중!

야마다 씨 (부부 + 자녀 2명) / 도쿄도

주방 식탁에서 아이가 놀거나 공부하면 좋은 점도 있지만 식사 때마다 테이블을 치워야 하고, 하던 일을 중단하게 되어 불편했다. 그래서 거실 한쪽에 아이용 홈오피스를 만들었다.

자신의 공간이 생겨 좋은지 공부와 그림 그리기, 만들기, 책 읽기 등을 하며 대부분의 시간을 여기서 보낸다. 특히 집중력이 필요한 세심한 작업을 하는 시간이 늘었다. 초등학생이 되면 책가방 등 소지품이 많아지므로 수납공간은 넉넉히 만드는 것이 좋다.

프라이버시를 확보한 테라스와
현관 토방은 자유롭게 놀 수 있는 곳

나가타 씨 (부부 + 자녀 2명) / 구마모토현

주택 밀집지이지만 남의 시선을 신경 쓰지 않는 외부 공간이 갖고 싶어서 울타리로 에워싼 테라스를 만들었다. 그곳으로 이어지는 현관 토방은 큰마음 먹고 3평 크기로. '방 같은 옥외'이자 '옥외 같은 방'은 아이들이 가장 좋아하는 놀이터가 되었다.

토방과 테라스 사이에는 폴딩도어를 설치해 개방감을 만끽. 음료수 등을 쏟아도 금방 마르고 청소도 쉬워 마음 놓고 놀 수 있다. 테라스 벽에 차양을 치기 위한 후크를 미리 달아 두면 여름철에도 쾌적하게 사용할 수 있다.

PART 3 생활의 즐거움이 배가 되는 취미·오락실

'새집에서는 좋아하는 것을 마음껏 하고 싶다!'는 희망으로 집짓기를 계획하는 경우도 많다.
꿈꾸던 취미 공간과 가족의 오락 공간을 만들어 더욱 만족스런 단독주택 생활을 하는
성공 사례를 모았다.

욕실에 옥외 공간을 만들어 노천 온천 느낌으로. 매일 리조트 온 기분!

나가타 씨 (부부 + 자녀 2명) / 구마모토현

우리 가족은 유난히 온천을 좋아한다. '집에서 노천욕'을 꿈꾸면서 옥외 공간이 딸린 욕실을 만들게 되었다. 데크로 이어지는 문을 활짝 열면 기분 좋은 빛과 바람을 피부로 느낄 수 있어 마치 노천욕을 하는 기분이 든다!

　주위의 시선을 차단할 수 있게 벽으로 확실히 에워쌌다. 아이들이 흙투성이가 되어 돌아와도 욕실로 직행할 수 있다. 밖에서 노는 걸 좋아하는 어린 아이가 있는 집에 추천!

LD에서는 보이지 않는 홈오피스에서
취미를 마음껏 즐겨요

S씨 (부부) / 아이치현

LD에는 자질구레한 생활용품이 어질러져 있기 마련. 그렇다고 수납 가구를 여러 개 두면 더욱 복잡할 것 같았다. 그래서 오픈 선반과 데스크를 갖춘 홈오피스를 만들었다.

　포인트는 LD에서 사각지대에 배치할 것. 컴퓨터와 전화, 오디오 등도 이곳에 모아 둬서 LD가 깔끔해졌다. 어느 정도 분리된 공간에서 작업과 취미도 즐길 수 있어 아주 만족해 하고 있다.

넓은 차고는 취미실이자 수납공간
휴일을 만끽!

기하라 씨 (부부 + 자녀 1명) / 도쿄도

나의 취미는 서핑과 스노우보드, 오토바이 투어링(touring)이다. 이 도구들을 보관하기 위한 공간이 필수였으므로 취미실을 겸한 넓은 차고를 만들었다.

　무거운 오토바이를 넣고 빼기 쉽도록 출입문의 단차를 최대한 낮췄더니 천장이 높아져 더욱 쾌적해졌다. 음악을 들으며 서핑보드 왁스칠을 하거나 소파에서 느긋하게 영화 감상을 하거나 다트를 즐기는 등 취미를 즐기고 있다.

반옥외 같은 '썬룸'은
다용도로 활용

Y씨 (부부 + 자녀 2명) / 도쿄도

다이닝룸과 거실을 잇는 통로를 석재 바닥의 썬룸으로 플랜. 바닥 소재만 바꿨을 뿐인데 옥외 느낌의 색다른 분위기가 되었다. 흙이나 물을 흘려도 쉽게 치울 수 있어 식물을 키우기에 최적.

아이들의 보물인 흙과 톱밥이 든 곤충 사육 박스도 여기에 두면 걱정 없다. 좋아하는 소품과 딸이 그린 유화를 장식하는 등 갤러리의 역할도. 여름에는 바닥의 서늘한 감촉이 좋은지 아이들이 낮잠을 자기도 한다.(웃음)

아늑한 다실에서
일상의 휴식을

다나카 씨 (부부 + 자녀 2명) / 아이치현

남편의 희망에 따라 다다미를 깔고 다실을 만들었다. 차를 마시기도 하지만 여름에 낮잠을 자거나 겨울이면 코타츠를 꺼내 뒹굴거리는 등 가족 휴식처 역할을 톡톡히 하고 있다.

개방감을 위해 오픈형으로 만들고, 집 분위기와 조화를 고려해 지나치게 '전통' 분위기가 되지 않도록 했다. 다실은 다이닝룸과 거실을 이어주는 스킵 플로어에 있는데, 이곳 덕분에 집 전체의 공간 구성이 매우 재미있어진 것 같다.

취미인 양재를 위한 아틀리에가
이제는 업무 공간으로

S씨 (부부) / 아이치현

양재가 취미여서 좋아하는 나만의 아틀리에를 갖는 것이 로망이었다. 집짓기를 하며 그 꿈을 이뤘다. 미싱과 큰 작업 테이블, 원단과 여러 양재 도구를 수납하는 오픈 선반을 갖춘 아틀리에를 만들었다.

향후 옷을 의뢰하러 오는 고객의 편의를 위해 현관에서 신을 신은 채 들어오는 구조로 설계한 것이 포인트. 지금은 회사를 그만두고 양재가 본업이 되어 옛날식 '가게' 같은 집을 즐기고 있다. 창 밖의 풍경을 보고 책을 읽다 보면 아이디어가 샘솟는 것이 신기하다.

언제든 소잉을 할 수 있는
미니 작업 코너

다케하라 씨 (부부 + 자녀 2명) / 와카야마현

손으로 만드는 것을 좋아하고 오랫동안 아끼던 앤티크 책상을 둘 곳도 필요했던 터라 2층 거실 한쪽에 소잉 코너를 만들었다. 내가 좋아하는 것을 모아둔 코너가 있으니 생활에 여유가 생기고, 무엇보다 재봉틀을 꺼내 놓을 수 있어 좋다.

생각날 때마다 아이들 도시락 가방이나 쿠션 커버 등의 소품을 만든다. 가족의 인기척이 들리는 곳에 오픈형으로 만든 것이 포인트.

PART 4

손님 접대에 요긴한 코너 & 공간

요즘 '여럿이 모일 수 있는 집'을 콘셉트로 한 집짓기가 인기이다. 만족하며 사는 가족의 공통 요소를 살펴보니 주인이 너무 힘들이지 않고 손님을 대접하고, 손님도 편하게 쉴 수 있다는 점이었다. 어떤 평면 설계로 가능한지, 다른 집들의 아이디어에 주목해 보자!

대면형 오픈 주방으로 넓은 카운터가 포인트
'카페' 오픈을 목표로!

우에다 씨 (부부 + 자녀 1명) / 구마모토현

나중에 집에서 카페를 여는 꿈을 가지고 있다. 그래서 아주 널찍한 주방 카운터를 만들었다. 손님과 눈높이를 맞추기 위해 주방 바닥을 한 계단 낮춘 것이 포인트. 설거지 거리가 보이지 않도록 싱크대는 벽 쪽으로 만들고, IH 쿠킹 히터는 카운터 위에. 손님과 이야기하면서 요리를 할 수 있다.

지금은 한 달에 1~2회 손님을 초대해 파티를 연다. 손님도 부담 없이 요리에 참여할 수 있고, 많은 요리도 넓은 카운터에 내놓을 수 있어 마음에 든다.

후면 수납으로
손님 접대 장소가 깔끔

곤도 씨 (부부) / 지바현

DK에 식기장을 두지 않으려고 미리 수납공간을 철저히 확보
했다. 포인트는 주방 뒷면에 수납공간을 집중 배치하고 회유
할 수 있도록 만든 것. 부부가 함께 주방 일을 해도 편하게 움
직일 수 있고, 정리도 쉬워 매일 편리함을 실감하고 있다.

　　손님이 왔을 때 더욱 진가를 발휘하는 데, 주방의 여러 물
건이 거실이나 다이닝룸에서는 보이지 않아 깔끔한 공간에서
손님을 대접할 수 있다. 잡다한 생활용품이 눈에 보이지 않아
생활감을 최소화한 것도 장점.

현관을 가족용과 게스트용으로 구분
기분 좋게 손님을 맞아요

O씨 (부부 + 자녀 2명) / 가나가와현

가족이 평소 출입하는 현관과 손님용 현관을 따로 만들어 일상
생활도 손님 접대도 훨씬 쾌적해졌다. 가족용 현관은 수납공간
을 충실하게 만들고 주차장에서 쉽게 접근하도록 하는 등 기능
면을 중시.

　　손님용 현관은 로망하던 내추럴한 내장재로 마감하고 좋아하
는 가구와 소품을 여유롭게 배치해 인테리어를 마음껏 즐기고
있다. 손님들의 반응도 좋다. '또 놀러 오고 싶은 집'이 되면 좋
겠다.

손님용 화장실을 준비하고
인테리어에도 좀더 신경 썼어요

우에다 씨 (부부 + 자녀 1명) / 구마모토현

가족들이 평소 쓰는 화장실과 세면실은 침실이 있는 2층에 플랜. 1층에는 손님용 화장실과 세면대를 설치했다. 언젠가 자택 카페를 열었을 때 필요하다고 생각해 만들었는데 현관 바로 옆이라 집에 들어오면서 손을 씻는 등 편리하다. 생활감이 묻어나지 않도록 화장실에는 수납장 없이 큰 거울만 두고 파우더룸 느낌으로 마감했다.

테라스에 수납공간을 만들어
야외 파티할 때 편해요

가토 씨 (부부 + 자녀 2명) / 도쿄도

테라스에서 손님을 대접하기도 하는데, 그때 테라스 쪽에서 넣고 뺄 수 있는 외부 수납공간이 있어 편리하다. 정원 의자나 파라솔, 바비큐 세트 등을 집 안까지 가지러 가지 않아도 되니 부담 없이 테라스 파티를 즐길 수 있다.

여름철 아이들의 풀장도 이곳에 수납. 날씨 좋은 계절에는 LD와 테라스 사이를 완전히 오픈하고 한 달에 두 번 정도 파티를 열고 있다.

거실과 주방 사이에 위치한 테라스
손님은 안팎을 자유롭게

요코야마 씨 (부부 + 자녀 1명) / 가나가와현

바비큐 파티를 자주 여는 우리 집. 손님을 많이 초대해도 좁다고 느껴지지 않도록 거실과 다이닝룸 & 주방을 L자 모양으로 만들고 사이에 테라스를 배치하도록 설계하였다.

주방과 거실 어디서든 테라스로 나갈 수 있어 각자 편한 곳에서 마음껏 시간을 보낸다. 가족끼리 점심을 먹거나 부부가 커피를 마시는 등 테라스는 일상에서도 유용하다. 주방에서 보이는 테라스의 전망도 마음에 든다.

1F

여럿이 앉을 수 있는 윈도 시트 덕분에
많은 손님 초대도 OK!

O씨 (부부 + 자녀 2명) / 가나가와현

다이닝룸의 창을 출창으로 만들고 걸터앉을 수 있는 높이와 폭의 의자를 만들었다. 친구를 초대해 홈파티 하는 것을 좋아하는데 창가에 테이블을 두면 다 같이 앉을 수 있다. 개별 의자에 비해 공간 활용도 좋고 손님용 의자를 따로 준비하고 보관하는 불편도 해결되었다.

손님 수에 크게 신경쓰지 않고 응대할 수 있고 창가의 밝은 빛도 즐길 수 있어 모임 때마다 만족스럽다.

2F

CASE **1** K씨 집

CASE **2** 쓰무라 씨 집

CASE **3** T씨 집

집짓기, 누구에게 맡겨야 할까?

건축가 vs 대형 건설회사 vs 소규모 건축업자

집짓기의 최고 파트너 찾기

1 예산, 부지 조건, 준공 기한 등 조건을 정확히 파악한다.

집을 지을 파트너는 나의 조건에 따라 적합과 부적합이 결정된다. 예컨대 빠른 시일 내에 완성을 서두르는 경우 건축가는 부적합하고, 변형 부지에는 브랜드 주택을 짓기 어렵다. 막연히 선호하던 파트너를 선택해서는 안 되며, 먼저 나의 조건을 다시 체크할 것!

2 평면? 디자인? 성능? 비용? 내가 중시하는 포인트를 분명히 한다.

건축가에게는 개성적인 디자인, 공무점·소규모 건축업자에게는 신속한 집짓기, 대형 건설회사는 신뢰 등 의뢰처마다 각각의 장점이 있다. 가장 중요하게 생각하는 포인트를 미리 정해두고 거기에 맞춰갈 파트너를 찾는 것이 서로에게 최고의 선택이다.

3 건축가, 주택회사 영업직원과 직접 상담해 보고 서로 잘 맞는지 확인한다.

감각적으로 '뜻이 맞는 것'도 파트너 선택 시 성공의 열쇠. 같은 화제로 열띤 대화를 나눌 수 있고 좋아하는 취향이 비슷하다면 의사소통이 원활하게 이루어진다.
디자인이나 플랜이 좋아도 '왠지 궁합이 안 맞다'고 느껴지면 의뢰처를 다시 검토하자.

4 오픈하우스나 주택 박람회 등에 최대한 참여해 시공 사례를 체험한다.

평면도나 사진만으로는 의뢰처의 장단점을 다 파악하기 어렵다. 실제 시공한 집을 방문해 공간을 만드는 방식이나 소재 사용 등을 체감해 보는 것이 최선이다.
만일 그곳에 사는 사람을 만날 수 있다면 쾌적성에 대해서도 반드시 물어보자.

세상에 하나뿐인 집을 지을 수 있다

의뢰처 ▶	건축가(설계 사무소)

이런 경우에 추천

☐ 협소지, 변형지 등에 집을 짓는다.

☐ 원하는 라이프 스타일이 뚜렷하다.

☐ 공사 중에도 설계에 따른 시공 감리를 원한다.

건축주의 로망을 헤아려 최적의 플랜을 제안해 주는 건축가. 저예산이나 변형 부지 등 어려운 조건에도 유연하게 대응할 수 있다. 물론 건축가 특유의 독창성 있는 작품도 매력. 게다가 시공업자의 기술력이나 견적을 프로의 눈으로 보고 필요한 조언을 해 주며, 플랜대로 공사가 진행되는지를 체크하는 것(공사 감리)도 건축가의 중요한 업무이다.

CASE
4
Y 씨 집

CASE
5
마쓰오 씨 집

CASE
6
야마자키 씨 집

인생에서 가장 비싼 쇼핑이라 할 수 있는 내 집 마련. 누구나 절대 실패하고 싶지 않을 것이다. 그렇지만 집짓기의 첫걸음인 '누구에게 맡겨야 할까?'는 의외로 어려운 문제다. 건축주들은 누구에게, 어디에 의뢰하여 마음에 드는 집을 지었을까? 건축가, 소규모 주택회사, 대형 건설회사 등 의뢰처가 다양한데, 각각 장단점을 살펴본다. 그리고 경험자들의 만족 사례를 의뢰처별로 알아본다. '경험자들이 말하는 장단점에 유의해 살펴보자.

높은 기술력과 부지와 자금 계획의 토탈 서비스가 가능

의뢰처 ▶	대형 건설회사

이런 경우에 추천

□ 집의 성능을 중시한다.
□ 부지 찾기, 자금 계획을 포함한 종합적인 지원을 받고 싶다.
□ 집의 완성까지 시간이 한정되어 있다.

엄격한 기준을 통과한 공법과 부재를 사용하며, 내진성과 내구성이 뛰어난 집을 제안하는 대형 건설회사. 토지 찾기에서부터 자금 계획, 이사, 장기간의 AS까지 집짓기의 모든 단계에서 면밀한 지원을 받을 수 있다는 점이 매력이다. 최근에는 대기업만이 가능한 기술력과 현지 공무점의 장점을 겸비한 프랜차이즈 형식의 업체도 늘고 있다.

비교적 저렴한 비용과 요청하는 대로 시공이 가능

의뢰처 ▶	소규모 건축업자(공무점*)

이런 경우에 추천

□ 현지에서 파트너를 찾고 싶다.
□ 저비용으로 집을 짓고 싶다.
□ 자신들이 생각한 플랜과 사양을 실현하고 싶다.

*공무점 : 단독주택 전문 시공 업체

설계자를 두고 설계에서 시공까지 책임지는 소규모 건축회사나 공무점. 설계자와 기술자의 연계가 원활하고 건축주의 요구에 즉시 대응할 수 있으므로 세세한 비용 절감 아이디어를 적용하기 쉬운 장점이 있다. 건축주의 아이디어를 반영할 수 있는 여지가 많아 직접 평면을 계획하거나 꼭 사용하고 싶은 소재나 설비가 있는 등 집짓기에 적극적으로 참여하고 싶다면 적합하다.

좋아하는 동화책의 이미지대로
따뜻한 집 완성!

4인 가족 / 도쿄도

부부와 8세 딸, 5세 아들의 4인 가족. 예전에 남편이 살던 독신자 기숙사가 있던 자리의 땅을 만나게 되어 "운명이라 느끼고 곧바로 결정했어요."

외관에서 신경 쓴 것은 평평한 파사드와 경사 지붕. 부지의 안길이를 살려 도로 쪽에 주차공간을.

'플랜박스'에 보관 중인 이미지 자료. 그림책 컬러 복사본이 스크랩되어 있다.

의뢰처 ▶ **건축가**

선택 이유와 결정적 계기는?

평면과 인테리어 모두 신경 쓰고 싶었기 때문에 건축가에게 의뢰하기로 했다. 다만 '건축가 = 모던하고 무기질적인 디자인'이라는 이미지가 있었으므로 여성의 시선으로 부드러운 분위기의 집을 만들어 줄 건축가를 잡지와 인터넷에서 찾다가 고야마 가즈코 씨와 만났다.

로망대로 실현된 인테리어
의외성 있는 플랜도 대만족!

1F DK

← DK는 다이내믹한 보이드와 굵직한 대들보에서 개방감이 느껴진다. 왼쪽 전면의 미닫이문을 통해 세면실로. "이 동선이 편리해요."
→ 가스레인지 주변은 오래된 벽돌, 수납장은 목재 마감으로. 소재감이 좋은 주방은 거실에서 봐도 멋지다.

1F DK

타일과 원목재 바닥, 주방 상판도 모두 섬세하고 연한 색조로.

1F 주방

→ 회유할 수 있는 아일랜드 스타일. 주방 상판은 합리적인 가격에 관리가 쉬운 대형 타일을 시공.
↑ 깔끔한 집을 만드는 팬트리는 필수. 폭이 얕은 선반을 L자형으로 설치해 수납하기 편하게.

K씨는 곰이 주인공인 그림책 한 권을 내밀었다. "큰 테이블에 가족이 둘러앉아 밥 먹는 소박하고 사랑스런 공간, 초록이 가득한 정원이 있는 그런 집을 꿈꿨어요. 그림책의 따뜻한 분위기가 좋았어요. 벽의 타일이나 조명 같은 것도 귀여워서 인테리어 표본으로 삼고 싶을 정도예요."라고 했다.

설계 사무소 '플랜 박스'에 그림책 이미지를 보여 주었다. 건축가 고야마 가즈코 씨는 "어떤 주택 사진보다 건축주가 원하는 이미지가 강하게 전해졌어요."라고 말한다.

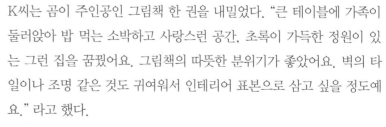

1F 거실
거실은 천장 높이를 낮춰 적당한 안정감이. 창문이
없는 벽면을 만들어 가구를 배치했다.

"식물을 늘리고 집과 함께
천천히 잘 가꾸고 싶어요."

1F LD
← 계단이 주방 정면에 있어 자연스레 걸터
앉아 얼굴을 마주할 수 있다.
↑ 심플한 카운터를 설치한 홈오피스. 유리
로 된 실내창이 있어 답답한 느낌 없이 일할
수 있다.

아내의 본가도 건축가에게 의뢰해 지은 집
이라 처음부터 건축가에게 집짓기를 맡길
생각을 했다는 K씨. "동화처럼 부드러운 분
위기의 집을 짓고 싶어 여성 건축가를 찾았
어요."

그림책의 이미지를 온전히 반영해 준 건
축가 고야마 씨. 마음속으로 그리던 인테리
어는 물론이고 미처 생각지 못한 제안도 해
주었다고 한다.

"밝고 개방적인 공간을 원했기 때문에 1
층보다는 2층에 거실을 두는 공간을 생각했
는데, 고야마 씨가 제안한 것은 1층 거실이
었어요. 결과적으로 너무 좋았어요."

건축가는 "면적이 넉넉하고 남북으로 긴
대지여서 남쪽에 정원을 만들었어요. 1층에

1F 현관
← 가족들은 안쪽의 슈즈룸에서, 손님은 앞쪽에서 바로 홀로 이어지도록 플랜. 문을 없애 비용을 줄였다.
↑ 포치와 현관 바닥은 DIY로 타일 시공에 도전. "삐뚤빼뚤한 부분도 있지만 그래서 더 애착이 가요."

1F 홀
현관에서 LDK로 이어지는 벽면은 자연스럽게 둥글렸다. 부드럽게 동선을 유도하는 이런 디자인은 건축가라서 가능한 일.

Q 건축가를 선택해 좋았던 점은?

부지의 특성을 잘 활용한 플랜을 제안받은 점. 7가지 플랜을 받아들고 하나같이 멋있어서 꿈에 부풀었고 보고만 있어도 행복했다. 걱정했던 예산도 직구나 DIY 등의 테크닉을 알려 주어 무사히 해결!

Q 집 짓는 과정에 에피소드가 있다면?

설비와 소재 등을 확정하지 않은 상태에서 착공해 걱정했는데, 공사 중 현장에서 바닥재(플로어링과 타일)를 선택할 수 있었다. 실제 사용할 장소에 샘플을 놓고 자연광으로 소재감과 색상을 확인하니까 훨씬 설득력이 있었다. 창문의 위치나 크기도 현장에서 결정. 평면도만으로는 미처 다 상상하지 못했던 것들을 현장에서 결정할 수 있었던 것이 굉장히 좋았다.

1F 놀이방
평소에는 아이 놀이방으로, 손님이 오면 게스트룸으로 변신. 바로 옆에 화장실과 세면대가 있어 손님도 편안하게 사용할 수 있다.

1F 화장실 & 세면실
→ 놀이방 입구의 작은 세면실은 부인이 좋아하는 곳 중 하나. 벽면에 매입한 수전과 깊은 사각 세면대 등 세세하게 신경 썼다.
↓ 계단 밑 공간을 활용, 화장실로. 계단의 디자인이 오히려 재미있는 포인트가 되었다.

Q 건축가에게 의뢰하기 적합한 건축주 유형은?

스스로 결정할 수 있는 사람, DIY나 직구 등 적극적으로 참여할 수 있는 사람에게 적합하다고 생각한다.

Q 적합하지 않은 스타일의 건축주는?

세세한 부분까지 스스로 전부 결정해야 하는데, 그것이 싫거나 선택 장애가 있는 경우, 또는 시간이 없고 바쁜 건축주라면 힘들 수도 있다.

Q 성공적인 집짓기를 위한 조언은?

설계 중이나 공사 중에도 생각과 다르거나 궁금한 점이 있으면 무엇이든 이야기하는 것이 중요. 마음에 걸리는 것이 있어 말할까 말까 망설였지만 "우리 집이다! 우리가 말하지 않으면 누가 말하나!?"라는 생각에 과감히 말했더니 흔쾌히 변경해 줘서 나중에 후회할 일이 없었다.

서 바라보는 정원을 적극 활용하는 게 좋을 것 같아 1층 LDK를 추천했어요." 개방감을 높이기 위해 2층 바닥 면적을 줄이고 보이드를 플랜. 머리 위로도 창밖으로도 시야가 트여 개방감 있는 공간을 실현할 수 있었다.

"남쪽에 욕실과 세면실을 만드는 아이디어도 처음 들었을 땐 놀랐어요. 하지만 주방과 바로 연결되어 있어 오가기 쉽고 세면실에서 세탁한 빨래를 데크에 널 때도 편리해요. 무엇보다 밝고 쾌적한 게 마음에 들어요."

이런 독창적인 플랜은 건축가라서 가능한 일. 원하던 이미지의 인테리어는 물론이고 편리함과 쾌적함도 만점이라고 한다. K씨는 "정말 마음에 드는 집을 지었어요."라며 웃었다.

1F 새니터리
→ 세면실 오른편은 데크와 접해 있는 바닥창. 충분히 밝아 몸단장이나 집안일을 할 때 기분이 좋다.
↓ LDK와 정원, 세면실과 정원이 자연스럽게 연결되도록 데크를 L자형으로 플랜. 아이가 놀거나 빨래를 너는 등 활용도가 높다.

2F 화장실
개인 방이 있는 2층에도 화장실을 배치. 1층 화장실은 탱크리스로, 2층은 합리적 가격의 제품으로 선택했다.

2F 아이방
→ 남매라 2개의 방을 넓이와 구조도 똑같게 만들었다.
↓ 옷장의 위치와 크기도 똑같이. 지금은 2층 침대를 사이 좋게 쓰고 있다.

2F 다목적 코너
보이드와 접해 있지만 전관 공조 시스템 덕분에 더위와 추위 걱정 없이 쾌적하게 지낸다. 책을 읽거나 빨래를 개고 다림질할 때도 활용.

설계 포인트

고야마 가즈코 씨, 와쿠이 다쓰오 씨
(플랜박스 건축사 사무소)

남쪽 마당을 L자형으로 에워싸듯이 LDK와 욕실·화장실을 배치. 세면실과 욕실을 남쪽으로 돌출시키듯 배치하여 남쪽의 이웃집과 적당한 거리가 만들어졌고, LDK의 채광과 프라이버시 보호에도 효과적. 실내 플랜에서는 거실이 아닌 DK를 보이드로 만든 것이 포인트. 평소 부인이 주로 활동하는 2층과 연결하여 가족들이 어디에 있든 인기척을 느낄 수 있다. 물론 DK에서 거실도 한눈에 보이므로 이 집의 중심 역할을 하고 있다.

설계자 Q&A

Q 건축가에 의뢰할 때의 장점과 단점은?

건축주와 함께 고민하면서 끝까지 같이 할 수 있다는 것. 완성된 순간뿐만 아니라 살면서 더 좋아지는 집을 제안할 수 있다.
다만, 설계·시공에 1년 정도는 걸리기 때문에 빨리 짓기를 원하는 사람에게는 추천하지 않는다. 전시장이나 쇼룸처럼 집의 '완성된 형태'를 먼저 보여주지 못하는 것도 약점. 설계자와 현장 감독, 기술자 등과 협력하여 짓는다는 것이 싫은 사람에게도 적합하지 않다.

Q 성공적인 집짓기를 위한 조언은?

구체적인 평면 설계나 설비 등의 구체적 요청보다는 먼저 로망하는 삶의 이미지를 설계자와 공유하는 것이다. 그러기 위해서는 가족이 어떤 공간에서 편안함을 느끼는지를 파악하는 것이 중요하다.

2F 침실
남쪽에 침실을 배치했다. 벽의 작은 창을 통해 1층을 내려다볼 수 있다.

주요 사양

바닥 **1층, 2층** : 나라 원목재 플로어링, **주방** 〈산와 컴퍼니〉 타일, **포치** 〈어드반 뉴코스마티〉
벽 **1층, 2층** : 규조토
급탕 〈노리츠〉 가스 온수기
주방 **본체** : 주문, **가스레인지** 〈린나이〉 **상판** 〈산와 컴퍼니〉 타일 **싱크** 〈중외 교역〉
　　　레인지후드 〈후지공업〉 **수전금구** 〈TOTO〉
욕실 **욕조** 〈TOTO〉 사자나 HD
세면대 1 **세면볼** 〈산와 컴퍼니〉, **수전금구** 〈파파 샐러드〉
세면대 2 **세면볼** 〈TOTO〉 **수전금구** 〈TOTO〉
화장실 **1층** 〈TOTO〉 네오레스트, **2층** 〈TOTO〉 TCF 4711AK
새시 〈YKK〉 복층유리 알루미늄 새시
현관문 〈산타통상〉 유리섬유제 도어
지붕 〈케이뮤〉 컬러 베스트 콜로니얼 지붕
외벽 〈 아이카 공업〉 탄성 리신 분사
단열방법·재질 발포 분사·경질 우레탄 폼

DATA

가족 구성 : 부부 + 자녀 2명
대지 면적 : 189.06㎡(57.19평)
건축 면적 : 77.59㎡(23.47평)
연면적 : 112.16㎡(33.93평) 1F 70.16㎡ + 2F 42.00㎡
구조·공법 : 목조 2층 건물(축조 공법)
설계 : 플랜박스 1급건축사사무소 www.mmjp.or.jp/p-box
시공 : 가와바타 건설

독특한 집에 애정이 가득

4인 가족 / 가나가와현

부부와 9세와 7세의 두 아들이 사는 4인 가족. 남편은 주말이면 아들이 참가하는 소년축구 코치를. 아내는 건축잡지를 열심히 읽으며 집짓기에 임했다고.

서쪽 도로에서 보면 심플한 박스 모양. 크게 뚫린 창문 하나가 포인트로, 조명을 켜면 또 다른 표정이 된다.

의뢰처 ▶ **건축가**

선택 이유와 결정적 계기는?

대형 건설회사의 집은 기성품처럼 분위기가 비슷한데, 건축가가 지은 집은 독창적이라 애착이 간다. 잡지에서 시공한 집을 보고 세부 디자인까지 마음에 들어 오쓰카 씨에게 상담하러 갔다. 우리가 가진 예산으로도 집짓기가 가능하다는 이야기를 듣고 안심하고 의뢰할 수 있었다.

1F 중정

→ 1층 거실과 중2층의 아이방을 이어주는 역할도. 부지 내의 고저 차를 활용해 계단이 있는 중정으로.
← 나선형으로 계단을 올라가는 스킵 플로어. 끝부분에 욕실이 있어서 아이와 함께 '가위바위보' 놀이를 하며 목욕하러 가는 재미도!

중정을 중심으로 한 스킵플로어 공원처럼 재미있는 집

1F 거실

거실과 중2층의 남쪽 통로는 오픈했다. 아이들이 계단 밑으로 들어가 놀기도 한다.

1F DK
↑ 가스레인지 앞쪽 벽은 타일이 아니라 패널로 마감. 청소가 쉽고, 타일보다 비용 절감 효과도 있어 좋았고. 테이블은 싱크대 카운터 폭에 맞춰서 주문. 레인지후드는 아내의 요청대로 '산와 컴퍼니'로.
↗ 벽면 가득히 설치한 수납장은 든든한 수납량을 자랑한다.

1F LD 부지의 고저 차를 활용해 깊게 쌓은 기초의 콘크리트를 그대로 드러낸 거실.

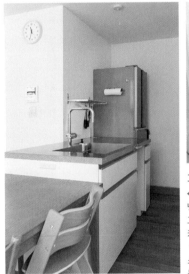

1F 주방
← 거실에서 보이지 않는 안쪽에 냉장고와 식기 건조대를 배치하고, 부부가 사용하기 편리하도록 카운터 높이는 87.5㎝로.
↑ 상판은 합판 표면에 스테인리스로 마감하고, 단면은 저렴한 나뭇결 시트지를 붙였다.

↑ 콘크리트 벽면과 맞춰 콘크리트를 걸레받이처럼. 건축가라서 가능한 아이디어로, 아내가 만족하는 부분.

남쪽에 이웃집이 붙어 있어 중정을 통해 채광 확보. 왼쪽 작은 창은 북향이지만 오전에 북쪽 건물의 벽에 반사된 빛이 들어온다. "이 집에 살면서 빛은 물론이고 그림자의 아름다움도 알게 됐어요."

계단이 있는 중정이 가장 먼저 눈에 들어오는 1층 거실. 아내는 건축가가 지은 집을 소개하는 TV 프로그램을 애청할 정도로 집짓기에 관심이 많았다고.

"주택 전시장을 둘러봤는데, 평면 설계가 평범하고 설비나 마감재도 기성품 중에서 골라야 해서 평소 꿈꾸던 집과는 거리가 있었어요. 주방부터 난간, 걸레받이 등의 작은 부분까지."

남편도 "아내와 시장조사를 하면서 기성품과 오리지널의 차이를 알게 됐어요. 그래서 건축가에게 의뢰하기로 마음 먹었죠."

1F 홈오피스
← 통로의 모퉁이에 홈오피스를. 책상과 선반은 저렴한 구조용 합판에 페인트칠한 것. 거친 감촉이 오히려 멋스럽다.
↑ 데스크 뒷면의 창과 중2층으로 향하는 계단. 중정을 통해 사계절을 느낄 수 있는 심벌 트리가 멋스럽다.

건축주 Q&A

Q **건축가에 의뢰할 때의 장점과 단점은?**

공간 디자인과 내장이 독창적이어서 집에 애착이 많이 간다. 한정된 예산으로 가능하도록 옵션을 제시해 주었다. 주방 벽면 타일과 식기세척기는 포기했지만, 나중에라도 시공할 수 있으니 결과적으로는 정답이었다.

Q **집 짓는 과정에 에피소드가 있다면?**

오쓰카 씨를 만나기 전까지는 건축가에게 의뢰하기 어렵다는 선입견이 있었다. 좀 더 활동적인 커리어우먼을 상상했는데(웃음) 만나보니 아주 부드러운 분이라 상담하기 편했다.

Q **건축가에게 의뢰하기 적합한 건축주 유형은?**

A 독창적인 공간을 찾는 건축주에게 필수! 주택 전시장을 돌아보니 기성품 주택이나 대형 건설회사의 주택은 비슷비슷해서 나만의 집이라는 느낌이 없었다. 예산 때문에 건축가에게 의뢰하기 어렵다고 생각하기 쉬운데, 오쓰카 씨처럼 예산 내에서 가능한 옵션을 제안해 주므로 예산이 적다고 미리 포기할 필요는 없다.

Q **적합하지 않은 건축주 유형은?**

플래닝과 시공에 각각 5~6개월이 걸리므로 빨리 집을 지으려는 건축주는 좀 힘들 것 같다.

Q **성공적인 집짓기를 위한 조언은?**

나와 취향이 맞고 소통이 잘 되는 건축가를 찾는 것이 가장 중요하다! 우리는 여러 조사를 하던 중 오쓰카 씨가 적임자라고 생각돼 망설임 없이 의뢰했고, 아주 만족스러웠다.

M2F 화장실
화장실은 여기 한 곳뿐이지만 1층과 2층 모두 가까워서 불편하지 않다. 깨끗한 느낌의 흰색으로 통일.

M2F 방
첫 플랜에서는 창고였는데, 미래에 시어머니와 함께 살 수 있도록 방으로 변경. 플랜을 변경한 곳은 여기뿐.

M2F 아이방
아이들 방은 분리를 염두에 두고 출입구 미닫이문은 2개를 설치. 상부의 아치형 디자인도 건축가의 세심한 센스.

잡지와 여러 사례를 참고해 '노아노아 공간 공방'의 오쓰카 야스코 씨에게 상담을 의뢰했다. 여성 건축가의 섬세한 시선으로 만들어낸 심플하고 쾌적한 공간 디자인이 마음에 들었다.

"예산이 2,000만 엔으로 한정되어 있어 걱정이 있었지만 《생애 첫 집짓기》 책에서도 1,000만 엔대로 지은 집이 있어 아무튼 가보기나 하자 했죠."

이미 땅도 찾아둔 상태여서 지도를 들고 사무실로 찾아가 예산을 말했는데 "걱정 마세요!"라는 말에 망설임 없이 의뢰하였다. 그리고 건축가는 중정이 있는 플랜을 제안하였다.

"중정이 있는 집을 꿈꿨지만 이 예산으로 가능하다니 너무나 감동이었어요."

세세한 주문은 일부러 하지 않고 건축가를 믿고 맡긴 결과 만족스런 집이 완성되었다.

2층 복도
침실 앞 복도는 중정과 접해 있어 채광이
좋다. 회랑 같은 복도가 단정해 보인다.

2층 세면실
↑ 세탁기가 있는 세면실에서 중정의 데크
로 나갈 수 있어 동선이 편하다. 오른쪽 미닫
이문 안쪽은 대형 팬트리. 일용품을 수납하
고 손님이 왔을 때 물건을 넣어두기 편하다.
← 세면대와 거울은 와이드형이라 가족이
나란히 서서 사용할 수 있다.

2F 욕실
잡지에서 봤던 세련된 욕
실을 꿈꿨지만 예산 관계
로 심플한 시스템 욕실로
만족해야 했다.

설계 포인트

노아노아 공간공방 / 오쓰카 야스코 씨

부지 내에 고저 차가 있고 예산이 한
정되어 있었다. 부지 평탄화 작업 비
용이 많이 들기 때문에 지형을 바꾸
지 않고 그 위에 집을 올릴 수 있을지
고민했다.
단차를 역이용해 계단이 있는 중정
을 중심으로 회유하듯이 올라가는
식으로 설계하였다. 중정을 통해 온
집안에 빛이 들어오고, 활달한 아이
들에게 중정을 공원처럼 뛰어 놀 수
있는 곳으로 만들어 주고 싶었다. 건
축주 부부가 이런 제안을 흔쾌히 받
아줘서 아주 보람있었다.

설계자 Q&A

Q 건축가에 의뢰할 때의 장점과 단점은?
집짓는 과정에서 불안한 부분도 있기 마련인
데, 건축주와 많은 대화를 나누며 생활의 기
반이 되는 집을 짓는 것이 중요하다고 생각
한다. 많은 소통을 통해 정성껏 설계하고 집
을 완공한 후에도 가족의 성장에 도움이 되
는 집을 만들고 싶다.
다만, 건축주와 이인삼각으로 독창적인 건물
을 만드는 과정은 협의에 시간이 걸린다. 시
공까지 1년 반 정도 걸리는데, 대형 건설회
사에 비해 시간이 많이 걸리는 것이 단점일
수 있다.

Q 성공적인 집짓기를 위한 조언은?
누구에게 의뢰할지 결정할 때까지 확실하게
리서치하자. 감각도 좋고 소통이 잘 되는 건
축가를 찾아 의뢰했다면 믿고 맡기자. 건축
가는 건축주로부터 '신뢰받는다!'라는 생각
이 들면 더욱 열심히 하려고 애쓴다.

고저 차가 있는 부지라 그 형태를 활용해 중정을
중심으로 한 스킵 플로어 구조로 설계하였다.
중정을 통해 거실과 아이방을 오갈 수 있고 계단
은 벤치로도 사용. 중정을 둘러싼 복도에서 아
이들은 축구도 하고 온 집안을 공원처럼 뛰어다
닌다!

어디서든 가족들의 인기척을 느낄 수 있다는
것도 매력이다. "건축가의 센스가 아주 마음에
들어서 집 짓는 동안 전혀 불안하지 않았어요."
라는 부부.

최고의 파트너를 만난 덕분에 평소에 꿈꾸던
집을 완성하였다.

중정이 있어 빛이 집안 전체에,
가족 인기척도 항상 느낄 수 있다

도로에서 보이지 않는 위치에 현관문이 있어 채광 확보를 위해 유리문으로 주문. 건물 옆을 보면 부지 내의 단차를 알 수 있다.

손잡이는 콘크리트 배근에 쓰는 '이형 철근'. 개성도 있고 잡기도 쉬워 실용적.

1F 현관
↑ 현관홀에는 수납장을 가득 짜 넣었다. 수납장을 따라 L자 모양으로 돌아 거실로 들어간다. 홀과 거실 사이에 문이 없지만 현관에서 바로 보이지 않도록 설계하였다.
← 유리로 된 현관문 덕분에 충분한 채광 확보. 밤에는 롤 스크린을 내린다.

2F 침실
↑ 남쪽과 서쪽에 크게 창을 낸 침실. 2층 천장은 구조용 면재에 단열재를 끼운 구조용 패널을 그대로 마감재로 사용.
← 1.5평 정도의 드레스룸을 만들어 방을 심플하게 유지.

주요 사양

바닥 **1층, 2층** : 나라 원목재 플로어링, **포치** : 모르타르 쇠흙손 마감
벽 **1층, 2층** : 벽지
급탕 〈린나이〉
주방 **본체** : 주문 (II형·폭 415cm), **레인지후드** 〈산와 컴퍼니〉, **수전금구** 〈그로헤〉 31096000
욕실 〈LIXIL〉 시스템 욕실
세면 **세면볼** 〈산와 컴퍼니〉 WA02021, **수전금구** 〈산와 컴퍼니〉 TA01499
화장실 **1층, 2층** : 〈LIXIL〉 GBC-S11S
새시 〈YKK〉 복층유리 새시
현관문 철제문(유리 삽입)
지붕 아스팔트 싱글
외벽 갈바륨 강판(중파)
단열방법·재질 충전 단열·글라스울

DATA

가족 구성 : 부부 + 자녀 2명
대지 면적 : 127.80㎡(38.66평)
건축 면적 : 68.48㎡(20.72평)
연면적 : 104.57㎡(31.63평) 1F·M2F 68.48㎡ + 2F 36.09㎡
구조·공법 : 2층 건물(축조 공법)
본체 공사비 : 약 2,100만 엔 (외구, 주방, 설비기기/세금 포함)
3.3㎡ 단가 : 약 66만 엔
설계 : 노아노아 공간 공방 www.noanoa.cc
구조 설계 : 크레모나 건축구조연구소
시공 : 에이신 건설

2F

1F·M2F

세월의 멋이 묻어나는 집을 꿈꾸다

4인 가족 / 교토부

부부는 9년 전에 귀농을 해서 꽃과 허브를 기르는 화훼업에 종사. 낚시와 음악 등 다양한 취미를 가진 남편과 꽃과 인테리어를 좋아하는 부인, 10세 아들과 8세 딸이 함께 사는 4인 가족이다.

외관은 화산재 시라스를 원료로 사용한 마감에 삼나무판을 일부 시공. 심플한 외관에 자연 소재의 따뜻함을 더했다.

의뢰처 ▶ 소규모 건축업자(공무점)

선택 이유와 결정적 계기는?

지역에 밀착해 설계에서 시공까지 맡아하는 소규모 건축업자에 관심이 있었다. 처음에는 '세련미가 부족하지 않을까?'라는 생각에 주저했지만, 지역의 집 짓기 정보지에서 '아틀리에 이하우즈'를 보고 결심하게 되었다. 디자인이 마음에 들었다.

빈티지한 아틀리에 느낌이 물씬! 설레며 생활하는, 애정이 샘솟는 집

1F 홈오피스
오두막집 느낌의 판자벽으로 에워싼 후 책상을 설치. 컴퓨터 작업 등의 홈오피스로 사용. 가로로 긴 철제 창 너머가 남편의 취미실.

1F DK
오크재 바닥은 오리지널 제작, 도어도 빈티지 느낌. 잡지꽂이가 있는 카운터는 블루 타일이 인상적이다.

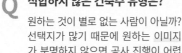

건축주 Q&A

Q 소규모 건축업자에게 의뢰해 좋았던 점은?

디자인을 보고 건축업자를 선택했기 때문에 원하는 이미지를 쉽게 전달할 수 있었고, 그 생각을 잘 이해해 주었다. 요구하는 설계안대로 세심하게 신경 써 주어서 살기 편한 집이 되었다. 예산을 짤 때부터 본체 공사비 이외의 것을 포함한 총액으로 계산해 준 것도 좋았다.

Q 집 짓는 과정에 에피소드가 있다면?

첫 만남 이후 집짓기가 구체화될 때까지 약 9년 동안 회사의 견학회 안내장을 매번 받았지만 그 이상의 영업은 전혀 없었다. 견학회에 참가해도 구매 권유를 하지 않아 우린 좋았지만 이렇게 영업해도 괜찮은가? 걱정할 정도였다.

Q 어떤 건축주에게 추천하면 좋을까?

자유도가 높기 때문에 디자인이나 평면에 애착이 강한 사람, 짓고 싶은 집의 이미지가 확실한 사람, 인테리어를 좋아하는 사람에게 적합한 것 같다. 건축업자에 따라 개성이나 전문 분야가 다르므로 본인에게 맞는 회사를 차분히 찾는 것이 중요하다.

Q 적합하지 않은 건축주 유형은?

원하는 것이 별로 없는 사람이 아닐까? 선택지가 많기 때문에 원하는 이미지가 분명하지 않으면 공사 진행이 어렵다. 수작업 부분이 많아서 완성을 예측하기 어려우므로 시행착오가 없기를 바라는 사람에게도 맞지 않을 것 같다.

Q 성공적인 집짓기를 위한 조언은?

다양한 집을 보면서 평소에 가족과 함께 집에 관해 이야기 나누고, 이미지를 공유하는 것이 중요하다. 시공사의 조언을 듣고 좋아하는 집의 이미지를 모은 '이미지북'을 만들었던 것도 도움이 되었다.

1F DK
테이블과 벤치는 '아틀리에 이하우즈' 공방에 주문 제작. 주방 카운터는 서랍 디자인이 포인트가 되면서 편리함도 더했다.

1F 주방
← '아틀리에 이하우즈' 공방에서 제작한 화이트 오크재 그릇장은 대형 서랍이 있어 편리. 주방 카운터는 부인이 직접 스케치하여 공방에 주문했다. 주방 바닥은 관리가 편한 장판으로.
↑ 서랍 표면은 일부러 거칠게 마감한 면을 남겨 포인트를 주었고, 손잡이도 빈티지감을 살린 흑피철을 특별 주문하였다.

1F LDK
L자형으로 2면이 데크와 접해 있어 밝고 통풍이 잘되는 LDK. 창을 열면 데크와 한 공간으로 연결되어 개방감을 만끽할 수 있다.

M2F 로프트
→ 계단 홀에는 러그를 깔고 아이들 놀이터로. LDK에 두면 압박감이 느껴지는 키보드도 여기에.
↑ 창문 프레임은 흑피철로 용접 부분의 벗겨진 느낌이 빈티지함을 더한다.
← 2층 홀 벽에 설치한 CD 선반은 주문 제작. 구조재를 뒷널로 사용해 책이나 잡지 등을 장식할 수 있다.

결혼 초부터 '언젠가 집을 짓자'는 계획 아래 많은 이야기를 나눴다는 T씨 부부. 인테리어를 좋아하는 아내는 '조금은 남성적인 내추럴 스타일'을 꿈꿨고, 남편은 마음에 드는 가죽 구두를 소중하게 손질해 오래 신는 타입이다. 두 사람이 도달한 결론은 '세월의 멋이 묻어나는 집. 오래되어 더 좋은 느낌의 집'이었다.

그리고 건축 정보지에서 본 '아틀리에 이하우스'가 그들의 이상형에 딱 들어맞았다. 집짓기가 구체화되지 않은 단계에서 견학회에 나가기 시작했고, 본격적으로 집을 짓기까지 9년 동안 견학회에 계속 참가하면서 아틀리에 이하우스의 집이 더욱 좋아졌다. 주택 부지가 결정된 후 바로 설계를 의뢰했다.

1F LD
다이닝룸과 거실, 홈오피스가 적당한 거리에 위치. 거실 창은 허리 높이에 설치해 차분한 분위기를 연출하고, 소파를 둘 수 있는 공간을 확보하였다.

1F 거실
'아틀리에 이하우즈' 공방에서 수작업한 AV 보드는 적삼목재로 옹이가 잘 드러나도록 하여 소재감을 강조. 오른쪽의 캐비닛은 'unico' 제품.

스킵 플로어와 취미실
적당히 고립된 공간이
원활한 소통의 비결

T씨가 집을 짓게 된 계기 중 하나는 남편의 귀농 결심이었다. 남편은 직장의 근무시간이 길어 '가족과 함께 시간을 보내고 싶다'는 생각에 과감히 농업으로 전직. 지금은 부부가 함께 꽃과 허브 모종을 키우고 있다.

새 집에서는 '가족이 서로 연결되는 플랜'을 원했다. 데크와 접한 LDK는 채광과 통풍이 좋고 원목재 바닥이 편안하여 가족이 자연스럽게 모인다. 대면 주방과 거실 계단, 다이닝 코너에 설치한 홈오피스 등 가족의 소통을 위한 아이디어가 집 곳곳에 있다.

한편 혼자만의 시간이 필요할 때는 스킵 플로어를 활용한

다. 단차는 공간을 나누면서도 일체감을 느끼게 하는 절묘한 거리감을 만든다.

"아이들은 각자 있고 싶을 때는 로프트로, 본격적으로 싸웠을 때는 2층으로 가요.(웃음)"

스킵 플로어의 하부 공간을 이용해 남편의 취미방을 만들었다. 구조재를 드러낸 낮은 천장으로 아늑함을 연출하고, LDK와 사이에 작은 창을 설치해 소통을 강화했다.

밭에서 돌아와 흙투성이가 된 옷이나 연장을 둘 수 있도록 뒷문의 토방은 넓게. 세면실·욕실은 뒷문에서 바로 연결되도록 동선을 면밀히 고려해 편안한 집이 되었다.

1F 화장실
벽과 천장을 과감하게 블루 그레이 벽지로 마감. 선반과 소품의 나무색과 잘 어울려 차분한 느낌을 준다.

1F 뒷문 토방
밭과 가까운 뒷문은 작업복을 벗어 두고 농기구도 둘 수 있도록 토방을 넓게 만들었다. 수납공간도 넉넉하게 만들어 유틸리티로 활용하고 있다.

1F 세면실
큼직한 실험용 세면볼은 편리하고, 세면대는 모르타르 도장으로 마감하여 관리하기 편하다. 나무 프레임 거울과 장식 선반도 주문 제작으로 이미지를 통일.

개성 있는 소재가 세월과 함께 운치를 더해 가는 집

모자이크 타일을 시공한 주방 카운터, 모르타르 도장한 세면대, 흑피철 창틀과 난간 등 독특한 소재를 활용한 부재는 모두 맞춤 제작하였다. 신축한 지금도 개성 있지만 세월과 함께 점점 운치가 더해지면 애착이 더 많이 생길 것 같다.

"예전 집은 잠자는 곳이었다면, 지금의 집은 무엇을 할까 설레는 곳이 되었어요. 집짓기 후 생활이 완전히 바뀌었어요."라고 감격스러워 하는 부부. 아이들도 이 집을 무척 좋아해서 나중에 서로 살 거라고 경쟁한다고 한다.

설계 포인트

호소노 테쓰지 씨 (아틀리에 이하우즈)

첫 번째 제안은 '건축가의 플랜'이다. 건축주와 회의를 거쳐 여러 차례 도면을 고치다 보면 드디어 '건축주의 집'이 된다. 건축주의 디자인 취향과 생활 스타일이 확고해서 제안하기 쉬웠다. 이미지를 철저히 공유하고, 디자인과 마감재 선택을 어느 정도 일임해 줘서 좋았다. 건축주와 취향이 비슷해서 이 집을 준공 후 다른 모델하우스에 T씨 주택의 플랜을 사용한 부분도 있다.

설계자의 본심 Q&A

Q 장점과 단점을 말한다면?

기술자들의 얼굴을 모두 알고 있고 소통도 긴밀하다. 정기적으로 '업체 모임'을 열어 새로운 분야의 공부도 하고 있다. 고객에게도 일관되게 대응하므로 유대 관계가 깊다.
아무래도 고객과의 상담에서 영업 멘트가 좀 서툴 수 있다. 사무실과 스태프들의 분위기를 보고 회사가 표현하려는 건축에 대한 자세를 이해해 주면 좋겠다.

Q 성공적인 집짓기를 위한 조언은?

가족과 함께 집에 대한 생각을 공유하고 대화를 많이 나누는 것이 중요하다. 그리고 생각하거나 궁금한 점이 있다면 서슴지 말고 의뢰 업체에 말해주면 좋겠다. 함께 '고객의 집'을 만들어 가는 것이다.

1F 현관

↑ 외관에 부분적으로 목재 마감을 하고, 울타리도 목재로 마감했다. 울타리는 비바람에 색이 바래고 벽에 시공한 목재는 제 색을 유지해 색의 변화도 즐길 수 있다. 처마 안쪽은 구조재를 노출시켜 포인트로.

→ '아틀리에 이하우즈'의 공방에서 제작한 신발장. 적삼목재의 따뜻한 색과 옹이가 매력적이다. 일부러 붙박이가 아니라 가구로 만들었다. 실내 도어도 원목과 철제, 무늬 유리 등으로 제작한 것.

1F 데크

부지의 형태에 맞춘 데크. 목재 울타리 너머로 비닐하우스가 보인다. 일과 생활공간이 하나로 이어지는 광경이다.

1F 취미실

현관과 이어진 토방이 남편의 취미실. 애용하는 도구 등이 있어 공방 느낌이다. "여기서 맥주를 마시며 낚시 도구 손질하는 시간이 가장 행복해요."

M2F·2F

1F

▶ DATA

가족 구성 : 부부 + 자녀 2명
부지 면적 : 167.15㎡(50.56평)
건축 면적 : 89.40㎡(27.04평)
연면적 : 132.65㎡(40.13평)
　　　 1F 82.40㎡ + M2F·2F 50.25㎡
구조·공법 : 목조 2층 건물(축조 공법)
설계·시공 : 아틀리에 이하우즈
　　　　　 www. yihaus.com

▶ 주요 사양

바닥 **1층, 2층** : 오크재 원목 플로어링
　　 포치 : 모르타르 흙손 누름
벽 **1, 2층** : 벽지
급탕 에코 큐트
주방 **본체** 〈TOTO〉 크락소
　　 레인지후드 〈TOTO〉 제로필터 후드
　　 eco, **수전금구** 〈TOTO〉 샤워식 수전
욕실 〈TOTO〉 사자나 1616
세면실 **세면볼** 〈TOTO〉 SK106
　　　 수전금구 〈이부키〉 크래프트
　　　 ESSENCE
화장실 **1층** 〈TOTO〉 네오레스트
　　　 2층 〈TOTO〉 퓨어레스트 EX(세면대 부착)
새시 〈LIXIL〉 듀오 PG
현관문 〈유로 트렌드 G〉 목제문
지붕 갈바륨 강판
외벽 〈시라스〉 벽 '후쿠스기(넓은 삼나무)
　　 베벨 사이딩'
단열방법·재질 **바닥** 〈세키스이 화학공업〉
　　　　　 페노바보드 45 **벽** : 울풀 100
　　　　　 천장 : 록울 100

CASE 4

취향에 딱 맞는 곳을
현지에서 운 좋게 발견하다

3인 가족 / 가나가와현

인테리어를 좋아하는 아내와, 야구를 좋아하는 남편, '공주님 놀이'에 푹 빠져있는 4살 딸이 사는 3인 가족.

어슷한 지붕이 인상적인 외관. 발코니를 제외하면 1층과 2층의 모양이 거의 같다.

세세하게 신경써 준 파트너 덕분에
플랜과 비용에서 가성비 높은 집 완성

의뢰처 ▶ 소규모 건축업자

선택 이유와 결정적 계기는?

대기업 건설사의 주택 전시장도 둘러봤지만 예산 때문에 단념. 주택 잡지의 저비용 특집편에서 마음에 든 내추럴한 주택의 시공사가 '피즈 서플라이'였다. 첫 만남 때 담당자가 묻고 제안한 것들이 내가 원하던 것들이라 결정하게 되었다.

1F 주방

↑ 뒷면 수납장은 주방에 맞춰 흰색 '이케아'로. 주방 안쪽에 문을 내 쓰레기 배출 시 편리한 동선이다.
↓ 부부가 직접 선택한 싱크대와 주방 카운터는 인조대리석. 관리가 편해 선택했다.

1F 다이닝룸

"주방에서 LD 전체를 볼 수 있어서 좋아요." 벽에 걸어둔 토트백에는 딸이 사용하는 작은 물건을 수납하는데, 귀엽고 편리한 아이디어다.

1F 거실
남향에 통창으로 채광이 좋은 거실. 벽은 비용 절감을 위해 벽지 마감하고, 바닥은 평소 꿈꾸던 원목 볼드 파인으로 시공하였다.

건축주 Q&A

Q 소규모 건축업자에게 의뢰해서 좋았던 점은?

세세한 요청을 잘 이해해 주고, 품질은 유지하면서 비용을 줄이는 방법을 제안해 주어서 합리적으로 예산 배분을 할 수 있었다. 첫 미팅부터 집을 완성할 때까지 담당자가 바뀌지 않았고, 비용에서부터 인테리어까지 단계마다 모든 내용을 상담할 수 있어서 안정감이 있었다.

Q 집 짓는 과정의 에피소드가 있다면?

출산 후 육아 휴직기간에 집짓기를 시작했다. 갓난아기를 안고 다녔기 때문에 힘들었는데, 담당자는 내가 원하는 것은 뭐든 해주려고 노력했다. 설비 담당자가 제안한 소재와 부품도 전부 내 취향이었고, 작은 요구에도 잘 대응해 주어서 지역 업체를 선택하길 정말 잘했다고 느꼈다.
쇼룸을 보러 다니고 자재를 검색하는 등 힘든 일이 많았지만 육아 휴직 3년 동안 잘 마무리 할 수 있었다.

Q 어떤 건축주에게 추천하면 좋은가?

내가 살고 싶은 집을 아무 제한 없이 자유롭게 그릴 수 있고 '이런 집에서 살고 싶다'는 이미지가 구체적인 사람에게 적합.

Q 적합하지 않은 건축주 유형은?

살고 싶은 집의 구체적인 이미지가 없다면 소규모 건축업자만의 장점을 활용하기 어렵다. 일일이 결정하는 것을 귀찮아하거나 바쁜 사람도 괴로울 수 있다.

Q 성공적인 집짓기를 위한 조언은?

대형 건설사는 수가 한정되어 있지만 소형 건축업체는 너무 많아서 취향에 맞는 곳을 찾기 어렵다. 우리는 운 좋게 지역의 업체를 찾았는데, 나와 잘 맞는 파트너를 찾는 것이 성공의 필수 조건이라고 생각한다.

1F 손님방
멀리 본가의 부모님이 오실 때 묵을 수 있도록 1.5평짜리 방을 만들었다. 평소에는 아이의 놀이방으로 이용한다.

1F 업무 코너
계단 아래 공간을 활용해 만든 업무 코너. "주방 바로 옆이라 집안일을 하면서 인터넷 검색을 하는 등 유용하게 쓰고 있어요."

맞벌이인 Y씨 부부가 집을 짓기 시작했을 때는 첫 아이 육아까지 겹쳐 몹시 바빴다.

"평소 내추럴 인테리어를 좋아해 취향대로 집을 짓고 싶었어요. 한정된 예산 내에서 그런 집을 지어줄 파트너를 찾다가 만난 곳이 피즈 서플라이였죠."

조직 규모가 단순해 담당자와 친해지기 쉬웠고, 집에서 가깝고 육아를 하면서 미팅하기에도 부담이 적어 지역의 소형 건축회사의 장점을 확연히 느꼈다. 게다가 설계 담당자가 아내와 같은 또래이고 취향도 비슷해서 플래닝할 때 큰 도움을 받았다.

"손님방과, 집에 돌아와 바로 손을 씻을 수 있는 세면대 설치를 원했는데 플랜에 적용해 주었어요. 특히 가사의 편의를 위해 빨래 건조 공간이 있는 2층에 세탁기 자리를 만들고 화장실과 세면실을 하나로 만들었어요. 덕분에 가사와 육아에 큰 도움이 되고 있어요."

1F LD
눈길을 끄는 창호. 나무틀의 실내창과 유리를 넣은
나무문 등 디자인과 질감에 특별히 신경 썼다.

1F 화장실
↑ "2층에 세면실을 두어 1층에 따로 손 씻을 공
간이 필요했어요." 세면볼과 거울, 펜던트를 신
경 써 고른 덕분에 매력적인 코너가 완성!
← 화장실은 특별히 컬러 벽지로 마감하는 등 인
테리어에 신경 썼다.

1F 현관
↑ 현관 한쪽에 슈즈룸을 플랜.
문은 생략하고 아치형으로 입구
를 디자인.
→ 고방 유리를 넣은 나무문은
'비즈 서플라이'의 오리지널 제
품. "예쁜 펜던트와 빈티지 옷걸
이, 실내창 등이 따뜻한 분위기의
현관을 만들어 줘요."

플랜뿐만 아니라 예산까지 고려해 비용이 초과될 것
같으면 건축주 직구를 추천해 주었다.

"DIY는 비용 절감 효과는 있지만 맞벌이인 우리에
게는 무리였어요. 그 대신 설비나 조명 등을 직접 골
라 구매했어요. 좋아하는 아이템으로 골라 인테리어
에 대한 애착도 더 커졌어요."

이미지에 맞는 것을 찾지 못할 때는 시바사키 씨
와 의논했다.

"이상적인 물건을 기필코 찾아주는 믿음직한 조언
자였어요."

설계 포인트

고마키 토오루 씨(피즈 서플라이)

방과 2층에 세탁실을 요청하였고,
욕실과 세탁실을 2층에 배치한 플
랜을 제안해 주었다. 1층과 2층 모
두 복도를 최소화하고, 2층에는 욕
실에 세면·탈의 공간을 넣어 한정된
면적을 최대한 활용했다. 특히 1층
은 현관홀, 화장실, 방, 계단홀이 모
두 LDK와 연결되도록 배치. 각 공
간을 콤팩트하게 모아 집안에서의
동선이 짧아졌고 육아를 하면서 집
안일을 쉽게 할 수 있는 플랜이 되
었다.

설계자의 본심 Q&A

Q 소규모 건축업체의 장점과 단점은?

A 설계와 시공을 일관되게 할 수 있
다는 것이 소규모 건축업자의 강점.
설계자와 목수, 기술자가 팀을 이뤄
건축주가 원하는 것을 원활하게 만
들어낼 수 있다.
약점이라면 건물의 공법이 한정되는
것. 예컨대 시공 노하우가 없는 RC조
는 수주할 수 없다. 기성제품인 알루
미늄 도어나 합판 플로어링 등을 제
안하여 거절할 때도 있다.

Q 집짓기 성공을 위한 조언은?

A 설계자와의 소통이 무엇보다 중
요하다. 취향이 비슷한 파트너를 만
나면 안심하고 맡길 수 있을 것이다.
믿고 맡기면 설계자도 시공자도 의
욕이 생기기 마련이다.

2F 홀
"2층에 빨래 건조 발코니가 있어 세탁기도 2층에 설치. 무거운 빨래를 들고 계단을 오르지 않아 좋아요." 앞쪽의 책장은 '이케아'.

2F 욕실
초록색 포인트를 준 벽면. 시스템 욕실은 저비용으로 욕실 누수 우려도 없다.

2F 세면실&화장실
↑ 세면대 카운터는 목공사로, 하부 수납은 '이케아' 박스로 맞췄다. 수납공간이 넉넉해 속옷과 수건 등을 깔끔하게 정리.
← 세면실 한쪽에 변기를 넣었다. 공간이 넓어 아이들을 돌보기도 쉽고 화장실 다녀온 후 목욕하기도 편리!

2F 아이방
아이방으로 만들 예정. 통창과 가로 창에서 햇빛이 가득 들어온다. 컬러 벽지와 월 스티커가 포인트.

2F 침실
경사 지붕의 높은 층고를 활용해 로프트를 설치하고 크고 작은 물건을 수납. 드레스룸은 커튼으로 가렸다.

주요 사양

바닥 **1층, 2층** : 파인재 원목 광폭 플로어링,
포치 : 250각 타일 마감, **주방** 〈산게쓰〉
쿠션 플로어
벽 **1층, 2층** : 비닐 벽지, **주방 벽** : 블럭 벽돌
급탕 가스 급탕기
주방 **본체** 〈YAMAHA〉 시스템 키친 (I형·폭 2250㎝)
식기세척기 〈밀레〉, **뒷면 수납** 〈이케아〉
욕실 〈TOTO〉 시스템 욕실
세면실 오리지널 목제 세면대,
도기 싱크 〈가쿠다이〉, **수전** 〈그로헤〉
화장실 **1층, 2층** 〈LIXIL〉 탱크리스
세면실 (1F)오리지널, **도기 싱크** 〈가쿠다이〉
수전금구 〈가쿠다이〉
새시 〈LIXIL〉 복층 유리 알루미늄 새시
현관문 스웨덴제 목제 문(파인재)
지붕 오크리지
외벽 미장
단열방법·재질 경질우레탄 폼·글래스울

DATA

가족 구성 : 부부 + 자녀 1명
부지 면적 : 100.38㎡(30.36평)
건축 면적 : 40.78㎡(12.34평)
연면적 : 80.19㎡(24.26평)
　　　　　 1F 40.78㎡ + 2F 39.41㎡
　　　　　 (로프트 4.35㎡는 제외)
구조·공법 : 목조 2층 건물(재래철물 공법)
본체 공사비 : 약 1,900만 엔
3.3m 단가 : 약 78만 엔
설계·시공 : 피즈 서플라이
　　　　　 www.ps-supply.com

2F

1F

사계절 쾌적한 집에서 살고 싶다!

3인 가구 / 사가현
고향을 사랑하는 미호 씨는 전근이 잦은 남편과 결혼하면서 언젠가 친정 가까이 집을 지을 작정이었다. 야구를 좋아하는 아들과 남편이 있는 3인 가족이다.

흰색과 파란색의 대비가 인상적인 외관. 콤팩트한 건물이지만 햇빛을 최대한 받아들일 수 있는 외쪽지붕으로.

의뢰처 ▶ **대형 건설사**

선택 이유와 결정적 계기는?

사후 관리에 대한 믿음 때문에 처음부터 대형 건설사로 결정하였다. 여러 건설사를 비교한 끝에 '스웨덴 하우스'로 결정한 것은 1년 내내 쾌적하게 지낼 수 있다는 확신이 들었기 때문.

카페보다 더 전망 좋고 편한 우리 집

2F LD
← 다이닝과 거실이 이어진 넓은 공간. 야구 좋아하는 아들 친구와 가족들이 20명 정도 모인 적도 있다고.
↑ 마을이 한눈에 내다보이는 창가에 '이케아'의 접이식 탁자를 설치해 차를 마실 수 있도록. "벚꽃철 전망이 최고예요. 어떤 카페보다 여기서 쉬는 게 제일 기분 좋아요."
↓ 안쪽의 주방과도 일체화된 공간. 앞에 있는 스웨덴제 의자는 부인의 최애 자리이다.

건축주 Q&A

Q 대형 건설사를 선택해 좋은 점은?
유지보수 전담 담당자가 있으므로 신속 대응이 가능해 안심이다. 정원의 파이프 뚜껑이 벗겨졌을 때도 다음 날 수리해 주었다. 장점은 여러 가지가 있지만, 그 중에서도 아들이 "나도 커서 스웨덴 하우스에서 집을 지을거야"라고 말할 정도로 만족감이 크다.

Q 집 짓는 과정에 에피소드가 있다면?
부모님 소유의 땅에 집을 지었는데, 도시 정비 조정 구역, 상하수도 시설 미비, 토지 분할 절차 등 문제가 많았다. 여러 번 위기가 있었지만 그때마다 건설사 담당자가 슈퍼맨처럼 해결해 줘서 정말 믿음직했다.

Q 어떤 스타일의 건축주에게 추천하면 좋을까?
유지보수나 에프터 케어를 신경 쓰는 사람. 스웨덴 하우스는 '50년 무료 정기점검' 시스템을 도입해 오래도록 살고 싶어 하는 사람에게 추천한다. 또한 쾌적한 실내 환경을 추구하고, 3중창이 고단열 외에 방범 면에서도 매우 뛰어나기 때문에 남편의 전근이 잦은 가정도 안심이다. 내장재는 코디네이터가 어느 정도 범위를 압축해주므로 결정하기 쉬워서 시간이 많지 않은 사람에게 도움이 된다.

Q 대형 건설사의 단점이라면?
역시 가격이 저렴하지는 않다. 저예산을 생각한다면 적합하지 않을 수 있다.

Q 성공적인 집짓기를 위한 조언은?
먼저 집을 지은 실 거주자의 집에서 개최하는 체험회가 있는데, 20채 정도 방문했다. 장점뿐 아니라 '이렇게 할 걸'이라는 실패담도 참고가 되었다. 집짓기를 취미처럼 철저히 즐기는 자세도 필요하다.

녹음이 우거진 고지대의 마쓰오 씨 집. 계단을 따라 2층 거실에 들어서면 탁 트인 공간과 창밖으로 펼쳐지는 풍경에 탄성이 나온다. 천장은 가장 높은 곳이 4.5미터!

"천장고가 높고 손님을 초대하기 좋은 집을 원했어요."라는 미호 씨.

신축 3년차이지만 집짓기를 계획한 것은 8년 전. 후쿠오카에 살 때, 주택 전시장에 들렀던 것이 계기가 되었다. 겨울이었지만 아주 따뜻해 탁월한 단열성에 놀랐다. 이 경험을 통해 미호 씨의 집짓기 공부가 시작되었다. '어떻게 하면 일 년 내내 기분 좋은 집을 지을 수 있을까?' 고민하면서 전시장을 찾아다녔다.(무려 28개!) 최종적으로 살고 싶은 로망 집을 실현시켜 줄 곳은 스웨덴 하우스라고 확신하게 되었다.

"겨울에 따뜻하고 여름에도 에어컨 한 대로 온 집안이 시원해요. 연중 쾌적한 집이에요."

2F 거실

집을 짓기로 결정하면서 북유럽 인테리어에 눈뜬 미호 씨. 스웨
덴제 흰색 스트링 선반이 너무 마음에 들어 이것을 설치하기 위
해 흰 벽을 만들었다. 24시간 환기 시스템으로 늘 상쾌하고 흰
색 가구라도 먼지 걱정이 없다고. 북유럽 인테리어 잡지에서 힌
트를 얻어 여러 개의 액자를 장식하였다. 난방은 왼쪽의 축열난
방기 1대로 하는데, 온 집안이 따뜻하다.

2F 주방
깔끔한 인상을 주고 싶어 'LIXIL'의 가장 심플한 주방을 골랐다. 벽은 평소 로망하던 집의 인테리어를 참고해 '나고야 모자이크 공업'의 타일로 마감.

2F 팬트리
거실에서 보이지 않고 주방과는 연결되는 곳에 설치. 정리수납전문가 자격증이 있는 미호 씨답게 매우 깔끔하다!

1F 아이방
깔끔한 스트라이프가 인상적. 일본 제조업체의 벽지를 사용했다.

1F 현관
↑↗ 보이드 현관홀. 따뜻한 느낌의 나무 계단은 표준 사양이다. 조명은 '이케아'.
→ (우측) 현관문과 벽, 창틀은 좋아하는 색으로 선택했다. 흰색과 파란색, 노란색 우체통이 포인트 컬러가 되었다. (좌측) 현관 팬트리는 2면에 문을 설치해 사용이 훨씬 편리. 반대쪽에도 똑같은 수납공간이 있다.

군더더기 없는 동선으로
가사와 생활을 편리하게

스웨덴 하우스의 경우, 구조는 한 등급으로 자유 설계. 미호 씨가 플래닝에서 희망한 것은 높은 천장과 넓은 거실, 편한 동선이었다. 나머지는 회사에 일임했는데 처음 제안한 플랜에 만족해 그대로 진행하게 되었다.

"계약을 하고 사가에서 집짓기가 진행될 때 우리는 오사카에 거주 중이었어요. 오사카와 후쿠오카 담당자들의 연계가 매우 원활해서 다른 도시에 있어도 불안하지 않았어요. 이것도 지점이 있는 대형 건설사의 장점이지요."

설계 포인트

다나카 유스케 씨 (스웨덴하우스)

건축주는 '밝고 기분 좋은 LDK'를 원했다. 3인 가족이라 콤팩트한 공간이지만 넓게 느껴지도록 경사 천장과 2층 거실, 시야가 확 트이는 큰 창을 나란히 배치하는 플랜을 제안하였다.

또한 정리수납 전문가인 아내가 입주 후에 직접 선반을 설치하고 싶다고 요청하여 바탕재 위치에 신경 썼다. 외벽재는 1층에는 유지보수 사이클이 비교적 짧은 사이딩을, 2층에는 유지보수가 쉬운 타일을 시공했다.

대형 건설회사 담당자 Q & A

Q 장점과 단점은 무엇인가?

주택 전시장에서 체감한 생활을 그대로 실현할 수 있다. 또한 숙박 체험이나 실거주자의 집을 방문하는 모임 등 체험형 이벤트가 다양한 것도 장점이다. 실 거주 건축주들의 생생한 목소리를 들을 수 있다. 계약 후에도 참가할 수 있어 플랜에 참고하기도 한다. 사후관리도 정기 점검은 10년에 7회, 그 후 50년까지 무료로 '검진'을 실시한다.
단점은 없다!(웃음) 비싸다는 말도 있지만 타사와 거의 비슷하며, 가격에 걸맞은 고품질이라고 자신한다.

Q 성공적인 집짓기를 위한 조언은?

디자인이나 평면도 물론 중요하지만, 온도나 공기의 쾌적성, 안전성, 단열성 등을 더 주요 과제로 생각해 보는 건 어떨까?

기밀성과 차음성이 뛰어난 3중 유리창은 표준 장비.
목제 새시라서 인테리어를 해치지 않는다.

1F 침실
← 숙면할 수 있도록 한쪽 벽면에 진한 파란색을 사용했다. 색상 선택은 회사 코디네이터에게 위임.
→ 침실과 연결되는 드레스룸. 외부와 연결된 문을 따로 설치, 마른 빨래는 그대로 가져와 수납할 수 있다.
↓ 욕실과 세면실, 드레스룸, 침실이 연결되어 있어 동선에 군더더기가 없다. 외국의 어느 집에 있는 듯한 흰색 나무문은 표준 사양이다.

1F & 2F 화장실
오른쪽은 1층, 아래는 2층 화장실. "양쪽 다 코디네이터가 벽지를 골라줬어요." 손님이 이용할 기회가 많은 2층 화장실은 등급을 상향. 이것도 실거주자에게 아이디어를 듣고 적용한 것이다.

1F 욕실 & 세면실
←↑ 드레스룸과 연결된 세면실. 제작한 카운터에 세면볼을 얹었다. 바닥은 그레이 계열의 타일조 쿠션 플로어. 세면대 아래 남편이 DIY로 만든 수납 박스에는 세탁용품과 세제류를 넣어둔다.

DATA

가족 구성 : 부부 + 자녀 1명 + 고양이 1마리
부지 면적 : 442.02㎡(133.71평)
건축 면적 : 50.63㎡(15.32평)
연면적 : 94.86㎡(28.70평)
　　　　　1F 48.47㎡ + 2F 46.39㎡
구조·공법 : 목조 2층 건물(목질 패널 공법)
설계·시공 : 스웨덴 하우스
　　　　　www.swedenhouse.co.jp

주요 사양

바닥 **1층** : 플로어링(하드 메이플), **2층** : 플로어링(블랙 월넛)
　　포치 타일, **주방** 타일, **계단** 레드 파인
벽 **1층, 2층** : 벽지(주방만 일부 타일)
급탕 〈코로나〉 에코큐트
주방 본체 〈LIXIL〉 시스템 키친(I형·폭 270㎝ 상판,
　　싱크 : 스테인리스 IH 쿠킹 히터)
욕실 〈LIXIL〉 라 바스 유닛 바스
세면실 세면볼 〈세라 트레이딩〉 AL 1591
　　　수전금구 〈세라 트레이딩〉 ZU6211, **카운터** : 제작(파인)
화장실 **1층, 2층** 〈LIXIL(오리지널)〉
새시 〈스웨덴 하우스〉 목제 새시 3층 유리창
새시 파인 (유럽 소나무)
현관문 오리지널 현관문(HDF*·흰색 도장)
　　　*HDF : High Density Fiberboard(고밀도 섬유판).
　　　분말 형태로 만든 나무 섬유를 압축하여 굳힌 것
지붕 도기 기와
외벽 **1층** : 사이딩 **2층** : 타일
단열방법·재질 충전 단열·글라스울

CASE 6

좁은 부지이지만
개방감 있는 집을 짓다!

3인 가족 / 사이타마현

부부와 3살 된 딸이 함께 산다. 인테리어에 관심이 많은 남편이 주도하여 집 짓기를 시작하였는데, 아내도 새집에서의 생활이 아주 만족스럽다고 한다.

발코니 부분의 목제 하이월이 포인트. 현관은 주차공간과의 단차가 거의 없도록 낮게 만들어 출입이 편하다.

여러 선택지 중
대형 건설사의 주문 주택으로

의뢰처 ▶ **대형 건설사**

선택 이유와 결정적 계기는?

땅이 좁아서 '개방감 있는 집'을 지을 수 있을까, 고민했는데 '폴라스 그룹'이 실현시켜 주었다. 지역 소규모 건축회사 제안서도 받아 보았지만 가슴이 설레지 않았다. 예산은 초과되었지만 대형 건설사의 사후관리를 믿고 선택했다.

2F LDK
LDK는 2층에 배치하고, 넓은 원룸으로 만들어 밝고 개방감 있는 공간을 완성. 심플한 공간에 남편이 좋아하는 가구가 더욱 돋보인다.

2F 주방
← 높은 수납장은 답답해 보여 상부장을 내리고 간접 조명을 넣어 연출.
↓ 서재(오른쪽 구석)와 냉장고는 생활감이 쉽게 드러나므로 거실에서 보이지 않도록 배치.

"남편은 시골의 100평 정도 땅에 넓은 주문 주택을 짓고 싶어했고, 저는 도쿄도내 역 근처 맨션이 꿈이었어요." 집에 대한 로망이 달랐던 부부는 신·구축 맨션, 분양 주택, 주택 전시장을 두루 다닌 끝에 '도쿄 근교의 역세권에 예산에 맞는 콤팩트한 집'을 짓기로 하였다.

부지를 정한 후 지역의 건축업자, 대형 건설사인 '폴라스 그룹'으로 의뢰처를 좁혀 플래닝을 의뢰하였다. 그

옥상 발코니
마당이 없어 옥상 발코니에 아이가 수영장 놀이를 할 수 있도록 수전을 갖추었다. 불꽃놀이도 볼 수 있어 즐거운 공간이다.

2F LDK
원룸 형식이지만 주방과 다이닝 부분은 천장에 합판 패널을 덧대 멋지게 공간을 구분하였다. '포하우스' 전시장에서 아이디어를 얻었다.

2F 거실
남편이 가구와 TV 위치를 정한 후에 창문 배치를 결정했다. TV 소리가 천장의 스피커를 통해 나오도록 사전에 배선을 시공.

2F 욕실
벽에 나뭇결 무늬를 넣은 편안한 시스템 욕실. 환기가 잘 돼 관리가 편리하다.

2F 화장실
"수납공간이 많았으면 좋겠다."라는 아내의 요청에 따라 집안 곳곳에 수납공간을 설치. 화장실에도 벽면 수납 선반이 가득하다.

2층 세면실
← 세탁기를 세면 카운터에 넣은 것은 전시장에서 얻은 아이디어.
↓ 발코니는 세면실과 거실에서 출입할 수 있는 회유동선이라 가사동선이 효율적이다. 발코니는 하이월로 에워싸 외부 시선을 차단.

건축주 Q&A

Q 대형 건설사를 선택해 좋았던 점은?

LD를 최대한 넓게 만들고 싶은 로망을 대형 건설사의 독자적인 기술로 해결하였다. 전시장 모델하우스가 있어 완성된 모습을 그려볼 수 있었고 멋진 집을 갖게 되었다. 보증과 유지보수에 대해 안심할 수 있다는 점도 장점이다.

Q 집 짓는 과정의 에피소드가 있다면?

DK의 천장을 거실보다 조금 낮게 합판으로 시공할 때 비용 절감을 위해 전시장과 다른 소재이지만 분위기는 충분히 낼 수 있도록 제안해 주었다.
또한 영업 담당자, 건축사, 인테리어 코디네이터, 현장감독이 같은 그룹 내의 직원이라 연계가 잘 되고, 플래닝에서 완성까지 원활하게 진행되었다.

Q 어떤 스타일의 건축주에게 추천하면 좋을까?

보증이나 유지 보수의 안정감에 신경 쓰면서 동시에 디자인도 중요하게 여기는 건축주. 하지만 대형 건설사 중에서도 자유로운 설계가 가능한, 본인 취향에 맞는 업체를 찾는 것이 중요하다고 생각한다.

Q 적합하지 않은 건축주 유형은?

비용 절감이 최고의 목표라면 소규모 건축회사가 더 적합할 수도 있다.

Q 성공적인 집짓기를 위한 조언은?

플래닝에 관해 '무리일까?' 싶더라도 우선은 요청해 보자. 설계 능력이 있는 업체가 로망을 실현시켜 줄 수도 있다.

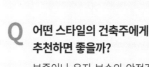

중에서 폴라스 그룹의 '포하우스'라는 브랜드의 디자인 주문 주택을 선택하였다.
희망 사항은 28평 대지에 주차 공간 2대를 확보하고도 비좁지 않은 개방감 있는 집이었다. "사실 부지가 좁아 무리라고 생각했지만 각 업체에 요청했죠." 그 결과 폴라스 그룹에서 유일하게 LDK를 원룸으로 만든 놀랍도록 개방적인 플랜을 제시했다. 다른 두 회사의 제안은 흔한 집이어서 폴라스 그룹에 의뢰하게 되었다. 그 결과 서재까지 갖춘 이상적인 집이 완성되었다.

스켈레톤 계단 위쪽에 발코니와 연결된 창이 있어 채광이 좋다. 맑은 날은 현관까지 햇살이 들고 하늘도 보인다. LD뿐 아니라 현관까지, 기대를 뛰어넘는 개방감!

1F 슈즈룸
현관에서 신을 신은 채 들어갈 수 있는 슈즈룸. 수납이 넉넉해 현관을 깔끔하게 유지한다. 골프백 같은 큰 물건을 수납하기에도 좋다.

1F 현관
현관 바닥은 단차를 두어 바깥과의 출입을 편하게 했다. 왼쪽 계단은 앉기 적당한 높이로.

오랫동안 살 집이니
마음에 드는 업체를 고른 건
잘한 일!

남편이 건축 관련 일을 하고 있어 대형 건설사가 지은 집을 볼 기회가 많았다. 그중에서도 이번에 의뢰한 포하우스의 내추럴 & 모던한 디자인은 예전부터 눈여겨 보던 것으로 '이 업체에 의뢰하면 꿈꾸던 집을 지을 수 있겠다'는 확신이 들었다고.

"하지만 세 업체 중 폴라스의 가격이 제일 높았어요. 마지막까지 고민했지만 오래 살 집이니 과감히 선택하길 너무 잘했어요."

설계 포인트

다치바나 아쓰오 씨 (포하우스 수석 디자이너)

개방감을 높이기 위해 거실 천장을 높였다. 통상적인 축조 공법으로 이 높이를 만들면 코너에 천장을 지탱하는 경사 지주(앵글보)가 필요하지만, 본사의 오리지널 철물로 강도를 유지해 심플한 공간을 만들 수 있었다.

고층 아파트가 가까이 있어 2층 데크에 하이월을 세우고, 아파트 쪽의 창을 높은 위치에 가로로 배치해 프라이버시를 지키면서도 실내의 시야는 트이도록 만들었다. 이런 창의 배치도 폴라스의 독자적인 공법으로, 벽의 낮은 위치에 지주를 설치함으로써 실현할 수 있었다.

대형 건설회사 담당자 Q & A

Q 대형 주택사의 강점은?

자체적인 연구 시설을 가지고 있으며, 내진성 높은 공법과 쾌적한 환기 시스템 등의 설비 기기도 개발. 목조 2층 건물이지만 전동(全棟) 구조 계산을 했다. 강도 등을 수치화해 고객에게 신뢰감을 줄 수 있는 것이 대형 건설사만의 장점. 또한 천장을 보통 주택보다 높게 만들고 주차장과 현관 출입이 편하도록 현관 바닥은 낮췄다. 이런 3차원적 크기의 미세 조정은 손이 많이 가는 작업이라 대응할 수 있는 곳이 많지 않은데 당사에서는 응하고 있다.

Q 성공적인 집짓기를 위한 조언은?

전시장의 건물은 잘 만들어져 있는 게 당연지사. 반드시 실제로 지은 집을 방문하여 살고 있는 집주인에게 거주성에 대해 질문하고 건설사와도 공감대를 형성한 후 건축하는 것이 좋다.

1F 침실

→ 한 면에 브라운 벽지를 발라 차분한 공간으로. 침대 양쪽에 창이 있어 채광과 환기가 좋다.

↑ 드레스룸은 폭이 깊고 2.5평 정도 공간이 있어 수납이 넉넉하다.

1F 아이방

↑ 입구를 2개로 만들어 향후 2칸으로 나눌 계획. 정면의 벽은 탈부착형이라 안쪽의 드레스룸과 연결된다.

↓ 창문 왼쪽은 슈즈룸 상부를 이용한 미니 로프트.

DATA

가족 구성 : 부부 + 자녀 1명
부지 면적 : 91.51㎡(27.68평)
건축 면적 : 52.58㎡(15.91평)
연면적 : 89.64㎡(27.12평)
   1F 44.51㎡ + 2F 45.13㎡
구조·공법 : 목조 2층 건물(축조 공법)
설계 : 폴라스 그룹 폴라테크
   포하우스 1급건축사 사무소
   www.pohaus.com
구조설계·시공 : 폴라스 그룹 폴라테크

주요 사양

바닥 **1층, 2층** : 〈아사히 우드〉 테크 라이브 내추럴
   리미티드 플로어링, **포치** 〈LIXIL〉 그레이슬랜드
   포스키 타일
벽 **1층, 2층** : 벽지
급탕 〈린나이〉 에코조즈
주방 〈LIXIL〉 리셀
욕실 〈LIXIL〉 키레이유
세면실 **카운터** : 제작, 세면볼과 수전금구 〈LIXIL〉
화장실 **1층, 2층** 〈LIXIL 사티스〉
새시 〈YKK-AP〉 알루미늄 수지 복합 새시
현관문 〈YKK-AP〉 단열 도어
지붕 갈바륨 동판 기와봉 지붕
외벽 〈아이카 공업〉 모르타르 바탕 아트 클리프 마감
단열 방법·재질 고성능 글라스 울(차세대 에너지 절약
   사양)

1F

드레스룸
침실
UP
아이방
상부 로프트
현관
주차공간
슈즈룸

2F

냉
욕실
세면실
세
LDK
DN
UP
발코니

RF

옥상 발코니
DN

Case 1

마키하라 유키코 씨의
3가지 다짐

좋아하는 옷과 장신구 이외에는
물건을 늘리지 않는다

패션과 관련된 것을 좋아해서 정기적으로 구매하기 때문에 그 이외의 물건은 신중히 고르고 더 이상 늘리지 않는다.

수납공간에 들어가는 정도만 가진다

옷은 옷장, 그릇은 찬장 등 수납장에 넘치는 것은 처분하고 적정량을 유지한다.

③

물건을 사기 전 쓰는 상황을
떠올려 보고 선택한다

옷은 누구와 어디에 갈 때 입고 싶은지, 그릇은 어떤 요리를 어떻게 담을지 상상해 보고 구매한다.

Profile

대학 재학 중에 복식전문학교를 다녔고 졸업 후에는 섬유회사의 디자이너 어시스턴트로 근무. 현재는 상사 어패럴부에서 디자이너로 일하며, 남편과 9살 아들과 살고 있다.

자주 쓰는 양념병은 바구니에 담아둔다

왼쪽 아래 칸에는 양념류를 수납. 설탕이나 슈가파우더 등 자주 사용하는 양념들은 양념병에 소분해서 '무인양품' 케이스에 한번에 정리.

그릇은 흰색, 나무, 유리 재질로
양식 요리에도 사용할 수 있는 것으로

주방의 뒷면 선반에는 그릇을 수납. 그릇은 흰색, 나무, 유리뿐이다. '케흘러'(우측) 평접시에는 아침 식사나 간식을, '피트 하인 이크'(좌측)의 오목한 접시에는 조림과 수프, 그래놀라 등을 담는다.

꽉 채우지 않고 한눈에 볼 수 있는 수납으로

침실 옷장은 남편과 반반씩 사용. 위쪽은 원피스와 셔츠, 아래쪽은 데님과 소품 등을. "꽉 차면 처분합니다."

좋아하는 데님은 모두 소중히 착용

데님을 20개 이상 가지고 있다. "얼핏 보면 똑같지만 실루엣이 달라요. 점점 늘어나게 되었지만 모두 아껴 입고 있어요."

CASE. 1
녹음을 즐기는
정원 같은 데크

CASE. 2
데크를 통해 왕래하는
신개념 2세대 주택

공간을 넓게 만드는
개방적인 데크

라이프 스타일을 반영하는

멋진 데크와
중정이 있는 집

실내와 외부 공간을 자연스럽게 연결하고, 상쾌한 공간을 만드는 데크와
중정이 인기이다. 데크와 중정은 햇빛과 바람, 식물이 어우러져 생활에 여
유를 주는 힐링 공간이다.
정원과 데크를 주택 생활의 가장 큰 즐거움으로 꼽는 이들도 많다. 여기에
서는 각자의 라이프 스타일에 맞게 데크와 중정을 만든 세 집을 살펴보고,
플래닝 비결도 알아본다.

일본의 옛것을 좋아하는 부부는 휴가에는 성이나 창고 같은 옛날 건물을 보러 다닌다고 한다. 가전제품 디자이너인 남편은 모형제작 솜씨도 프로급이다.

CASE 1

욕실 정원을 겸하는 2층 데크는 생활과 취미에 두루 활용

아라키 씨 집 (도쿄도)

나무가 많아 실내에서도 여유를 느낀다
큰 바닥창을 통해 데크와 이어지는 다이닝룸. 창가 테이블에 앉아 바깥의 녹음과 넉넉한 햇살을 즐긴다. 가구와 조명기구는 심플한 북유럽 모던 스타일로 통일.

정원 대신 데크에서 가드닝을 만끽!
촬영 당시는 겨울이라 녹음이 적었지만, 봄여름이면 작은 식물원이 된다고 한다. 왼쪽 끝에는 송사리가 헤엄치는 유리그릇도 있다. 데크 자재는 물에 강한 슬랑간바투(Selangan Batu).

외관
창고를 이미지화한 맞배지붕의 심플한 외관. 검은 갈바륨 외벽에 네모난 출창을 심벌로 장식했다. 데크 아래는 간이 차고로 활용.

가림벽으로 시선 차단
옆집에서 보이지 않도록 욕실 앞에는 가림벽을 설치. 벽 안쪽에서 빨래를 말리기도 한다. "주방에 둔 세탁기와의 동선이 짧고 빨래가 훤히 보이지 않아서 좋아요."

2F 욕실 & 세면실
데크와 연결되어 채광이 탁월하다. 설비도 디자인에 신경 써 'T폼'의 다리 달린 욕조와 'TOTO'의 사각 세면볼을 선택했다. 벽의 둥근 타일이 레트로한 느낌을 준다.

도내의 한적한 주택지에 단독주택을 지은 아라키 씨. 채광이 좋은 2층에 LDK를 배치하고 널찍한 데크를 연결한 플랜을 선택했다. 데크를 높은 가림벽으로 에워싸 외부 시선을 신경 쓰지 않고 느긋하게 쉴 수 있는 프라이빗한 공간 완성. 그 덕분에 개방적인 보이드의 거실과 다이닝룸이 더욱 더 개방적으로 느껴진다.

부부는 식물을 좋아해 데크를 공중 정원처럼 활용하고 있다.

"레몬과 블루베리, 버찌 등 과실수 위주로(웃음) 화분을 키우고 있어요. 땅에 심는 것보다 벌레가 덜 생기고 볕이 좋아서 잘 자라는 것 같아요."

초록에 둘러싸여 차를 마시거나 밥을 먹는 것이 즐겁다. 도심이라고는 믿기지 않을 정도로 한가로워 행복하다.

데크와 이어진 욕실 & 세면실을 설치한 것도 플랜의 특징.

"작아도 좋으니 욕실에 안뜰이 있으면 좋겠다고 요청했더니 데크와 연결하는 게 어떻겠냐는 안이 나왔어요. 안뜰을 위해 면적을 할애하지 않아도 되니 공간과 비용을 절감할 수 있어 일석이조였죠. 녹음을 바라보며 욕조에 몸을 담그고 싶다는 소원이 이루어졌어요."

욕실 앞 데크는 빨래를 말리는 등 가사에도 도움이 된다.

2F 유틸리티
주방 안쪽에 만든 작업 코너. 책상은 남편이 DIY로 만들었고, 선반에 체브라시카 굿즈부터 말굽버섯(!)까지 부인이 좋아하는 것을 모아두었다.

2F 거실
LD의 한쪽 벽면을 가득 채운 선반에는 앤티크와 남편이 만든 모형 컬렉션이 즐비하다. 소파는 H·J·웨그너가 디자인한 '데이베드'.

2F 다이닝룸
오픈형 대면 주방 위는 로프트. 바닥을 스노코(대나 띠로 발처럼 엮은 것. 현관 등의 발판으로 씀) 형태로 시공해 톱 라이트의 빛이 아래층까지 전달된다. 경사 지붕은 구조재가 보이도록 마감해 심플 모던함 속에 동양적인 분위기를 더했다.

밝고 널찍한 거실과 다이닝룸 외에도 아라키 씨 집에는 로프트와 다다미방, 남편의 취미실, 아내의 유틸리티 코너 등 각기 다른 분위기의 공간이 충실하다.

"작은 공간이지만 편히 쉴 수 있는 장소가 많아서 좋아요. 책을 읽거나 차를 마시는 등 좋아하는 곳에서 각자 자유롭게 시간을 보내고 있어요."

개방적인 공용 공간과 적당히 독립된 개인 공간. 이러한 공간의 밸런스가 집의 쾌적함을 높여주는 듯하다. 폭넓은 취미를 가진 부부의 독특한 생활상도 엿볼 수 있다.

1F 갤러리
외부의 현관 진입로부터 1층 복도까지 바닥에 응회석을 깔았다. 오른쪽 벽면 전체에 책장을 짜넣고 계단에 걸터앉아 책을 읽을 수 있도록 만들었다.

1F 방
손님을 위해 준비한 방. 화사한 컬러 벽지로 마감해 작지만 존재감 있는 공간이 되었다. "여기서 차나 술을 마시면 잠시 여행 온 듯한 기분이 들어요."

1F 침실
"숲속에서 잠든다는 느낌으로 침실 내장은 그린으로 정했어요." 벽은 부부가 직접 페인트칠했다. 침대는 솔송나무로 제작한 것. 아랫부분은 수납공간이다.

1F 화장실
계단 밑의 데드 스페이스를 활용해 만든 화장실은 계단의 형태를 디자인에 그대로 살렸다. 바닥은 복도에서 그대로 이어지는 응회석. 1층과 2층 화장실은 모두 'TOTO'를 선택.

2F 주방
아내가 특히 신경 쓴 넓은 카운터 주방. 시스템 키친은 'LIXIL', 뒷면 수납장은 '이케아'. 주방에 세탁기를 설치해 가사 동선을 효율화했다.

DATA

가족 구성 : 부부
부지 면적 : 90.54㎡(27.39평)
건축 면적 : 43.20㎡(13.07평)
연면적 : 72.36㎡(21.89평)
　　　　　1F 36.18㎡ + 2F 36.18㎡
구조·공법 : 목조 2층 건물(축조 공법)
설계 : 설계 공방 / Arch-Planning Atelier
　　　　(구보 소이치) http://www.sekeikobo.com/
시공 : 쇼케이주쿠

데크와 중정의 포인트

도심의 아웃도어 공간은 프라이버시가 중요

구보 소이치 씨 (설계 공방 / Arch-Planning Atelier)

도심 주택지에서 데크나 정원을 계획할 때, 외부 시선을 얼마나 효율적으로 차단하느냐에 따라 편안함이 크게 달라진다. 아라키 씨 집에서는 데크를 루버형 벽으로 에워싸 시선을 차단했고, 욕실 앞에도 벽을 세워 프라이버시를 지키면서 개방감을 맛볼 수 있도록 배려했다.
데크와 정원 등의 옥외 공간으로 시야가 트이면 실내도 넓게 느껴진다. 작은 집이라도 데크를 만들어 하늘이 보이는 야외 생활을 즐기자.

자녀 세대의 다이닝룸

두 집을 이어주는 데크에서 가족과 함께
하는 시간이 가장 즐거워요
집이 완공된 후 매주 친척과 친구들을 초대해 바비
큐 파티를 했다고 한다. "데크를 사이에 둔 두 집 모
두 다이닝룸의 문을 활짝 열면 3개의 공간이 이어
져요. 모두 모여서 왁자지껄했었죠."

부모 세대의 다이닝룸

데크를 중심으로
2세대 6인 가족이 연결되는 집

I씨, N씨 집(도쿄도)

외관
왼쪽은 부모님 집(N씨), 오른쪽이 자녀인 I씨 집. I씨 집은 외쪽지붕으로 만들어 태양열 전지판을 설치하였다. N씨 집은 1층만으로 생활할 수 있도록 단층집을 기본으로 하고 2층은 로프트 형식의 창고로만 사용.

부모 세대 현관
이곳은 N씨 집. 현관에 지붕을 설치해 비오는 날에도 편하다. 유리 슬릿이 들어간 문을 통해 실내로 빛이 들어온다. 포치는 워싱아웃 마감하여 일본식 멋을 살렸다.

데크와 정원
두 집을 이어주는 데크를 설계. 향후 어느 한쪽을 임대하게 되더라도 데크 한가운데 있는 부지 경계선을 따라 펜스를 세우면 독립된 건물이 된다.

왼쪽이 처가 부모님 N씨, 오른쪽이 I씨 부부와 차녀, 그리고 어머니와 반려견. 가끔 놀러오는 증손자는 2층 로프트를 가장 좋아한다고.

자녀 세대 현관
I씨 집의 현관. 포치와 계단은 모르타르로 심플하게 마감했다. 현관문은 적삼목으로 제작. 빨간 우체통이 사랑스러운 포인트.

90평 정도의 땅을 사서 2세대 집을 지은 I씨와 N씨. 자녀 세대와 부모 세대가 각자 집을 짓고 데크로 연결하였다.

"예전에도 부모님과 옆집에 살았는데 그때는 부지가 막혀 있어서 현관을 통하지 않으면 왕래할 수 없었어요. 이제는 연로해지셔서 좀 더 가깝게 지낼 수 있는 집이 필요했어요."

담을 없애고 현관을 돌아 들어가는 불편이 없도록 데크를 통해 두 집을 부담 없이 오갈 수 있도록 설계하였다.

I씨도 N씨도 "급하면 슬리퍼를 신은 채로 간답니다(웃음). 음식을 전해 드리러 가는 등 하루에도 몇 번씩 왔다 갔다 하는데, 부담이 없어서 편해요."

실내에서 서로의 인기척을 느낄 수 있다는 것도 장점이다. 데크 너머로 모습이 넌지시 보이고, 부모님이 입욕 중일 때는 외관의 라이트가 켜지도록 해 놓았다. "오늘 아침에도 잘 일어나셨구나, 목욕 중이시구나 하고 알 수 있어 안심이에요."라는 I씨. 각자의 건물에서 적당한 거리감을 유지하고 살면서도 부모님의 안부를 자연스럽게 알 수 있는 이상적인 라이프 스타일을 실현하고 있다.

자녀 세대의 다이닝룸 데크 쪽은 개방적인 보이드 공간. 바닥창 + 하이사이드 라이트를 도입해 채광도 탁월하다. 1층과 2층 어디에 있든 부모님 집의 상황을 알 수 있다.

자녀 세대 1F 다이닝룸
↑ I씨 집의 바닥은 러프한 질감의 파인재. "반려견이 있어 흠집이 나도 걱정 없는 소재를 골랐어요." 주방 카운터의 다이닝 쪽은 붙박이 오픈 선반으로.

자녀 세대 1F 주방
두 집 모두 '썬웨이브'의 시스템 주방을 선택. 태양열 발전 + 전전화(全電化) 시스템이라 열원은 IH 쿠킹 히터다. 화재 위험이 없어 안심.

집을 설계할 때 두 세대의 프라이버시를 세심하게 배려했다. 자녀 세대의 거실은 2층에 배치하여 함께 사는 시어머니가 편하게 쉴 수 있도록 했다.

또한 시어머니 방은 동선이 편한 1층에 두고, 친정 부모님 집의 LD에서는 직접적으로 보이지 않는 각도에 배치. 자연스러운 플랜 아이디어로 가족 각자가 편안한 공간을 확보했다. 특히 욕실·화장실은 연로한 부모님이 거동이 불편할 때를 대비해 설비를 갖추어 놓았다.

자녀 세대 2F 거실
거실에 프로젝터를 설치하고 영화나 축구 경기를 느긋하게 즐긴다. "이케아 소파베드는 큰딸이 가끔 와서 잘 때 유용해요."

자녀 세대 1F 욕실 & 새니터리
욕실·화장실은 시어머니 방 바로 앞에 배치. 일어나 씻으러 가는 생활 동선이 짧아지도록 고려하였다. 욕실 벽은 아오모리 노송나무. 고창을 통해 들어오는 빛도 편안함을 더해준다.

데크와 접한 큰 창은 개방감을 주고, 자녀 세대와의 소통에도 효과적이다

부모 세대 1F LDK

↑ 친정 부모님 집의 중심은 아일랜드 주방이다. 현관 쪽에서도 욕실 쪽에서도 접근할 수 있도록 설계하였다. 식탁의 맞은 편에는 아버지의 서재 코너가.
← LD는 다이내믹한 보이드. 모던한 격자 디자인이 인상적이다.

LD 데크 쪽의 2면에 바닥창을 설치해 실내로 햇살이 풍부하게 들어오고, 자녀 세대의 인기척에도 쉽게 응할 수 있다. 데크 쪽이 트여있어 실내가 넓게 느껴지는 효과도 있다.

부모 세대 1F 침실

침실도 통로식으로 플래닝하여 현관 홀에서 침실, 욕실, LDK를 회유할 수 있는 구조이다. 머리맡에는 비상벨이 설치되어 위급 상황에 자녀 세대와 연락할 수 있다.

DATA

가족 구성 : 부부 + 자녀 1명 + 어머니(I 주택) / 부부(N 주택)
부지 면적 : I씨 집 149.30㎡(45.16평) / N씨 집 150.20㎡(45.44평)
건축 면적 : I씨 집 61.63㎡(18.64평) / N씨 집 73.56㎡(22.25평)
연면적 : I씨 집 116.01㎡(35.09평) / N씨 집 93.08㎡(28.16평)
　　　　I씨 집 1F 60.18㎡ + 2F 55.83㎡
　　　　N씨 집 1F 68.24㎡ + 2F 24.84㎡
구조·공법 설계 : 목조 2층 건물(축조 공법)
설계 : 아케노 설계실 건축사 사무소
　　　 (아케노 다케시, 미사코, 담당 / 야스하라 마사토)
　　　 http://tm-akeno.com
구조 설계 : 나가타 구조 설계 사무소
시공 : 와타나베 기건

부모 세대 1F 욕실 & 새니터리

1 타일 마감의 깔끔한 욕실 & 새니터리. 앞으로 부모님 간호가 필요해질 것을 고려해 화장실과 욕실 사이를 오픈형으로 만들었다. 입구도 열어둔 채 출입할 수 있는 미닫이문이다.
2 침실과 LDK를 잇는 복도에 세면대를 설치하고 맞은편에 화장실과 욕실을 배치. 휠체어를 쓰게 되더라도 생활하기 편하도록 고려하였다. 1층 바닥은 원목 나라재로 통일.

데크와 정원의 포인트

데크의 야외 공간을 통해 '소통'과 '독립'을 충족

아케노 다케시 씨, 미사코 씨

두 세대가 요청한 것은 '연결되어 있다는 안정감'과 '독립적인 생활이 가능한 적당한 거리감'이었다. 이를 확보할 수 있는 플랜으로 두 세대를 데크로 연결하는 설계를 제안했다.

데크는 두 세대의 교류 장소이자 프라이버시를 지키는 경계 역할을 한다. 또한 2개의 부지를 분할해 사용할 가능성도 고려하여 데크 가운데를 구분 수 있도록 토대가 설계되어 있다.

빛과 바람과 녹음 자연을 느낄 수 있는 데크는 역시 기분 좋다

데크와 거실의 단차를 없애 어린아이도 안심

데크와 접한 창의 폭은 약 3m 60cm이며 4장의 새시는 단열 사양의 복층유리. 내구성 있는 이페재를 바닥에 사용한 데크는 12.5㎡(약 3.8평), 바로 아래는 주차장이다.

←↓ '야외에서 여유롭게 맥주를 마실 수 있는 공간'을 요청하여 만든 데크. 골프장을 둘러싼 푸르른 나무들이 바로 눈앞에 보여 자연과 하나가 될 수 있는 기분 좋은 장소이다. 아이가 야외 놀이를 신나게 하기도 한다.

CASE 3

거실과 연결된 데크는
제2의 거실

이시자와 겐토 씨, 히로코 씨 집 (가나가와현)

오토바이가 취미인 남편과 요리를 좋아하는 아내, 2살 된 딸이 함께 사는 3인 가족. "전전화 주택으로 만들었는데 생각보다 훨씬 쾌적해요. 심야 전력을 이용하는 축열식 난방은 전기요금도 절약할 수 있는 친환경이에요."

상쾌한 바람과 하늘, 나무로 둘러싸인 데크를 2층 동쪽에 플래닝한 이시자와 씨 집. 칸막이가 없이 넓게 트인 LDK는 큰 창으로 시선이 향하게 된다. 창밖은 짙은 녹음과 푸른 하늘이 보여 마음이 편안해진다.

부부는 임대 아파트에 살다가 아이가 태어나면서 단독주택을 짓기로 하였다. "공간도 좁고, 게다가 엘리베이터가 없어서 아기를 안고 계단을 오르내리는 것이 너무 불편했어요. 이사를 가고 싶다는 생각이 간절해졌어요."

처음에는 아파트를 구입하려고 알아보았지만 원하는 물건을 만나지 못해 원하는 공간을 담은 집을 짓기로 마음먹었다.

외관
↑ 현관문과 창문의 위치가 균형 있게 배치된 아름다운 파사드. 현관문 오른쪽은 실내 차고, 왼쪽의 돌출된 부분이 데크이다.

차고
실내 차고에는 현관에서 출입할 수 있는 실내문과 현관홀에서 차고가 보이는 유리창도 설치했다. 문은 비용과 디자인을 고려하여 접이식으로.

2F DK
주방은 대면형으로, 밝은 톤의 목재장에 스테인리스 상판을 조합하여 심플하면서도 스타일리시하게 완성하였다. 뒤쪽 수납장 끝에는 컴퓨터 책상을 만들었다.

2F 거실
완만하게 경사진 천장이 공간을 샤프하게 연출. 계단을 사이에 두고 방과 거실을 구분해 깔끔하게 정리했다. 바닥은 자작나무로 내추럴하게 마감했다.

2F 팬트리
주방과 이어진 팬트리는 가사의 효율성을 높여준다. 각종 식재료 등을 수납하는 선반을 짜고, 한쪽 면에는 책상을 두어 주방일을 하면서도 업무 관련 서류 정리와 검색 등을 할 수 있어 편리.

2F 주방
IH 쿠킹 히터와 오븐은 'AEG' 제품. 따로 그릇장을 두지 않고, 수납공간을 확보해 식기와 조리기구를 넣었다.

계단
정면에 보이는 창은 마당과 접해 있어 계단을 통해 2층까지 빛이 들어온다. 계단을 오르내릴 때마다 녹색 정원의 모습이 보여 마음이 편안해진다. 계단 난간이 심플한 철제라 공간이 더욱 깔끔해진다.

2F 아이방
아이와의 커뮤니케이션을 고려해 LDK와 같은 층에 아이방을 배치했다. 요즘은 한창 소꿉 주방 놀이를 즐긴다.

2F 방
바닥에 누울 수 있는 편한 좌식 공간을 갖고 싶었다고. 예산 때문에 맹장지는 생략했지만 나중에 설치할 수 있도록 준비해 두었다. 많은 책들로 복잡해 보이는 책장은 거실에서는 보이지 않는 위치에 두어 편리하다.

1F 홀
스켈레톤 계단이라 현관홀의 개방감이 탁월하다. 왼쪽 벽면은 딸아이가 마음껏 그림을 그릴 수 있도록 칠판 페인트를 칠했다. 요즘은 남편이 더 신나게 쓰고 있다.

1F 현관
현관에서 왼쪽에 슈즈 룸이 있어 귀가 후 곧바로 신발을 정리한다. 덕분에 현관을 깔끔하게 관리할 수 있다. 슈즈 룸의 문 전면에 전신 거울을 설치해 외출 전 체크할 수 있어 편리하다.

건축가 나카무라 다카요시 씨와는 아내들끼리 지인이어서 나카무라의 오픈하우스에 자주 다녔다고 한다. 그래서 의뢰를 결심.

"나카무라 씨의 집은 도시적이고 심플하며, 가사 동선이 편한 아이디어로 가득했어요."

부부는 오픈하우스에서 봐오던 넓은 데크와 원룸 형태의 LDK, 작업 데스크를 설치한 팬트리 등에서 아이디어를 얻어 설계를 의뢰했다고 한다.

매일의 도시락을 블로그에 소개할 정도로 요리를 좋아하는 아내는 주방에 대한 로망이 컸다. 1년에 걸쳐 주방 기기를 고르고 전전화 체험 교실에도 참가하면서 바라던 것들을 거의 이루어 아주 만족스러워 한다. 아이는 데크 공간을 좋아해 화창한 날이면 아빠와 노는 것을 기다린다.

"손님들이 2층에 올라와 넓은 공간에 우선 한 번 놀라고, 데크를 보고는 또 한 번 '와~'하고 소리를 질러요(웃음). 그런 반응을 보면서 이 집을 짓길 잘했다는 생각이 들어요."

1F 침실
↑ 정원이 보이는 큰 바닥 창을 설치하고 높은 위치에 환기창을 설치해 채광과 환기 모두 확보하였다. 브래킷은 독서용으로 심플하게 벽면에 부착했고, 침대는 '무인양품' 제품이다.
← 침실 내의 드레스룸은 부부가 각각 쓸 수 있도록 입구를 따로 설계, 각자 편한 높이에 옷봉을 설치했다.

흰색 모자이크 타일의 카운터에 흰색 세면볼을 시공한 세면대. 큰 거울 덕분에 공간이 넓어 보인다. 세제와 청소용품은 세면대 밑에 깔끔하게 수납.

1F 화장실

화장실은 침실 옆에 있다. 변기 뒤쪽에 위로 여는 타입의 수납공간을 두었다. 좁은 공간에서도 편하며 상판은 장식 선반으로 활용할 수 있다.

마당에서 논 다음 바로 욕실로

욕실 & 세면실룸에 마당과 연결된 작은 데크를 설치해 편리하다. 세탁기 왼쪽에 욕조가 있어 씻을 때는 창의 블라인드를 내리고 샤워 커튼으로 가린다. 남향이라 욕실의 습기나 곰팡이 걱정은 전혀 없다. 데크 위쪽에 건조봉을 설치해 빨래와 건조, 정리까지 동선이 편리하다.

데크와 중정의 포인트

목적에 맞게 데크를 두 곳에 설치

나카무라 다카요시 씨
(unit-H 나카무라 다카요시 건축설계사무소)

북쪽 도로와 길게 접한 변형부지로, 도로를 두고 맞은편에는 녹음이 우거진 골프장이 있다. 녹색환경을 살리기 위해 2층 동쪽에 데크를 배치했다.
아침이면 햇살과 상쾌한 공기가 들어오고 오후에는 건물 자체의 그림자로 인해 아주 쾌적하다. 욕실을 기분 좋은 공간으로 만들기 위해 욕실 정원을 1층 남쪽에 배치한 것도 포인트. 마당에서 마음껏 논 다음 바로 씻으러 갈 수 있다.

DATA

가족 구성 : 부부 + 자녀 1인
부지 면적 : 158.72㎡(48.01평)
건축 면적 : 63.12㎡(19.09평)
연면적 : 123.85㎡(37.46평)
  1F 60.73㎡ + 2F 63.12㎡
구조·공법 : 목조 2층 건물(축조 공법)
본체 공사비 : 약 2,550만 엔
3.3㎡ 단가 : 약 68만 엔
설계 : unit-H 나카무라 다카요시 건축설계 사무소
  (나카무라 다카요시, 미하라 아쓰시)
  https://nakamura-takayoshi.com
구조설계 : 요시다 카즈나리 구조설계실
시공 : 테크노아트

아웃도어 라이프를 즐기는 **데크와 중정, 어떻게 설계하나요? Q & A**

예부터 툇마루와 옥외 마루는 여름 햇빛을 피하고 외부와의 온도 차를 완화하는 등 안과 밖을 잇는 반 옥외 공간으로 사랑받아 왔다. 요즘 주택에서 툇마루를 찾아보기 어렵지만, 집에서 자연을 느끼며 쾌적하게 지낼 수 있는 반 옥외 공간을 원하는 경우가 많다. 툇마루와 같은 기능을 갖춘 공간으로 데크나 중정을 집짓기에 도입하는 경우도 늘고 있다.

　부지의 조건과 가족의 라이프 스타일에 따라 중정과 데크의 설계 위치가 달라진다. 보통 거실과 연결하여 데크를 설치하는데, 거실과 데크가 이어져 있으면 아이의 놀이 공간으로, 틈틈이 가드닝을 즐기거나 티타임을 보내는 등 활용도가 높아진

다. 친구를 초대하여 홈파티를 즐긴다면 다이닝룸이나 주방과 연결된 플랜도 좋다. 데크와 동선이 짧아 음식을 나르고 뒷정리를 할 때 일손이 줄어든다. 남향 데크는 여름 햇살을 가려주는 퍼걸러에 덩굴식물을 키우거나 어닝과 가든 파라솔 등을 준비하면 효과적이다. 직사광선도 차단하고 야외 분위기도 살려준다.

　침실과 이어지는 데크도 생각해 보자. 목욕 후에 몸을 식히거나 선선한 저녁 바람을 쐬는 휴식 공간으로 최적이다. 노천탕 기분을 즐길 수 있는 욕실 정원이나 욕실 데크도 추천한다. 욕조에 앉아 바깥의 녹음과 하늘을 바라보며 호사를 즐길 수 있다.

1층의 모든 방에서 데크로 나갈 수 있다

남북으로 긴 부지에 데크를 설치하여 모든 방에 빛이 들어오는 개방적인 구조. 북측에 위치한 LD도 데크와 연결, 채광이 좋다. (I씨 집)

Request

주택 밀집지인데 데크나 중정을 만들고 싶어요

3면이 둘러싸인 협소한 깃대형 부지. 1층의 바닥 면적이 겨우 10평이지만 중정을 만들어 시야가 트이니 좁게 느껴지지 않는다. (아다치 씨 집)

옆집과 바짝 붙어있는 주택 밀집지라면 더욱 더 데크나 중정을 도입하는 것이 좋다. 예컨대 3면이 주택으로 둘러싸인 협소한 깃대형 부지나 양쪽에 이웃집이 있는 좁고 긴 부지의 경우에는 건물 중앙에 데크나 중정을 만들고 큰 창을 내면 집안 구석구석 빛과 바람이 순환되고 프라이버시도 지킬 수 있는 쾌적한 집을 완성할 수 있다. 중정을 통해 건너 공간도 보여 집이 넓게 느껴지고 개방감도 생긴다.

플랜은 ㄷ자형, ㅁ자형, ㄴ자형으로 변형할 수 있다. 주위의 시선을 차단하기 좋은 것은 ㄷ자형과 ㅁ자형이고, ㄷ자형은 길쭉한 부지에도 효율적이다. 부지가 좁아 데크나 중정을 만들기 어렵다면 1평 정도의 공간이라도 할애하자. 집 곳곳에 빛을 끌어들일 수 있고, 화분을 놓으면 우리 가족만의 작은 세상으로 변한다.

집에서 아웃도어 라이프를 만끽할 수 있는 데크와 중정은 가사효율도 높여 준다. 주방에 0.25평의 작은 데크를 설치하면 쓰레기통이나 흙 묻은 채소를 두는 등 유용하게 쓰인다. 빨래 건조 데크도 주부에게는 고마운 공간. 세탁실~데크~옷장의 거리가 짧아지면 집안일 동선을 줄일 수 있다.

생활에 여유를 주고 다양한 상황에 따라 다양하게 사용할 수 있는 데크와 중정을 플랜에 활용하면 공간이 확장되는 장점도 있다. 쾌적한 공간으로 매력이 넘치는 데크과 중정. 그 중에서 건축주들이 가장 많이 요청하는 것과 이를 해결할 설계 방법이 무엇인지 알아보자.

활짝 열린 창은 바깥과의 일체감을 맛볼 수 있는 최적의 장소
천장고 높이의 폴딩 도어를 선택. 데크와의 단차에 맞춰 오토만을 소파 대신 사용. (O씨 집)

Request

안과 밖이 연결된
넓은 공간을
즐기고 싶어요

데크와 실내의 단차를 활용해 벤치로 이용
구조상 생긴 데크와 실내의 단차를 활용해 데크 바닥을 실내 쪽으로 30cm 연장. 독특한 공간이 생겼다. (Y씨 집)

녹음으로 가득한 데크는 최고의 힐링 공간
건물 밖으로 돌출된 데크를 시공하여 실내와 바닥 높이를 맞췄다. 데크에서 차를 마시거나 새를 관찰하는 것이 즐거운 일과가 되었다. (M씨 집)

실내 공간과 이어지도록 데크나 중정을 설치하면 안과 밖의 경계선이 느슨한 중간 영역이 생겨나고 쾌적한 개방감을 맛볼 수 있다.

실내와 외부를 연결하는 다양한 테크닉이 있지만, 일체감을 더 높이기 위해서는 '안과 밖의 바닥면 맞추기', '개구부 전면 개방'이 일반적. 다만, 2층 이상의 데크와 실내 바닥면을 평평하게 맞추려면 들보의 위치를 낮추는 등 구조적인 연구가 필요하고, 비용이 상승하거나 아래층의 천장고가 낮아질 수 있다. 그래서 들보의 위치를 바꾸지 않고 구조에 무리를 주지 않기 위해 일부러 단차를 남겨두기도 한다.

데크 부분이 실내보다 높아지는 것을 활용해 단차 부분을 실내 쪽으로 조금 연장할 수 있다. 그러면 안팎의 구분이 애매해져 오히려 일체감이 든다. 실내 쪽의 돌출부는 벤치로 사용할 수 있어 재미있는 공간이 만들어진다. 그밖에 개구부를 천장에 닿을 정도로 높게 만드는 것도 개방감을 얻는데 효과적이다. 채광이 좋아져 구석까지 환해진다.

창은 개구부를 양쪽으로 여닫는 프랑스 창, 양옆의 가림 벽에 깔끔하게 들어가는 전면 개방 창, 창틀의 홈을 따라 움직이는 폴딩 창 등 종류가 다양하다. 데크의 디자인과 넓이에 맞춰 선택하면 멋진 아웃도어 거실을 만들 수 있고, 집에서 아웃도어 라이프를 즐길 수 있다.

Request
프라이버시가
확보되는 데크가
꿈이에요

**높은 벽으로 주위의
시선을 완전히 차단**
홈파티에 손님을 초대하는 일
이 많아 거실과 연결된 데크의
벽을 높게 설정했다. 여러 군
데 통풍창을 만들어 답답한 느
낌을 해소했다. (Y씨 집)

**프라이버시는 지키고
경치는 만끽할 수 있는
가림벽 높이**
실내에서 휴식을 취하는 모습
이 밖으로 거의 노출되지 않
고, 개방감을 즐길 수 있는 최
고의 펜스. (오구리 씨 집)

건물로 둘러싸인 도심에서 옆집 벽이 맞닿아 있거나 행인들의 시선
이 신경 쓰이기 마련. 이럴 때는 가림 벽이나 펜스로 주위 시선을 차
단해야 하는데 너무 높게 설치하면 답답한 느낌을 주므로 적당한 높
이 설정이 가장 중요하다.

보기 싫은 풍광을 가리려면 실내에서는 거의 보이지 않도록 어른 키
보다 높게, 옆집의 시선으로부터 자유롭고 싶다면 얼굴만 나올 정도
의 높이로, 실내에서 주위 경치를 즐기면서 프라이버시도 지키고 싶
다면 가슴 높이 정도로 만드는 등 주위 환경에 맞춰 선택하면 된다.
루버로 만들거나 패널 사이에 틈을 적당히 두어 통기성을 해치지 않
도록 하자.

**정원의 나무가
가림막을 대신**
나무가 우거진 정원과 접하여
데크를 설치. 펜스 없이도 프
라이버시를 지키며 아웃도어
라이프를 즐길 수 있다. (후루
이치 씨 집)

Request
아이가 뛰어놀 수
있는 집을 원해요

**정원에서 욕실 데크를
지나 욕실로**
욕실에 욕실 데크를 설치
한 플랜. 데크는 정원과도
연결되어 있어 밖에서도
욕실로 바로 들어갈 수 있
다. (후지모토 씨 집)

**층 전체를 회유할
수 있는 아이들의 천국**
LDK와 아이방을 하나로
합치고 데크를 만들어 자
유롭게 뛰어다닐 수 있다.
(다카하시 씨 집)

**거실~데크~욕실이
이어지는 회유 동선**
데크를 에워싸듯 LD와 욕실을 ㄱ자형으로 배치했
고 데크로 나갈 수 있는 창이 3군데 나있다. 정원에
서 놀다가 씻으로 가는 동선이다.(T씨 집)

어린 아이가 있는 집이라면 누구라도 집에서 마음껏 뛰어놀게 하고 싶다. 이를 실
현하기 위해서는 역시 단독주택을 짓는 것이다. 그렇지만 모든 단독주택에서 가
능한 일도 아니다. 작은 방들이 배치된 평면이거나 집에 벽면이 많으면 달리다 금
방 부딪히게 된다.

아이가 맘껏 뛰어놀 수 있는 집의 포인트는 막힘 없이 놀 수 있는 동선을 배려하
는 것이다. 즉 둥글게 원을 그리며 움직일 수 있는 회유동선을 플랜에 도입하는
것이다. 회유동선은 넓게 느껴지고 자유롭게 뛰어다닐 수 있다. 그 동선 안에 데
크나 중정을 더하면 더욱 즐거운 공간이 된다.

또한 밖에서 놀기 좋아하는 아이라면 데크와 욕실을 연결한 설계를 추천한다. 여
름철 수영장 놀이나 흙장난으로 몸이 더러워져도 데크나 정원에서 욕실로 바로
갈 수 있고 매우 편리하다.

데크와 베란다, 테라스, 발코니는 다른가요?

예전에는 구분해서 사용했지만, 요즘 건축업계에서는 명확한 차이가 없다. 같은 의미의 용어라고 생각해도 될 것이다. 화장실도 비슷하다. 변소, 화장실, WC, 레스트룸 등 다양하게 표기하지만 기본적으로 같은 공간을 뜻한다.

LDK의 정면 폭과 같은 너비로 데크를 연결해 개방감 넘치는 집을 만들었다. 데크는 서남향이므로 여름 저녁에도 상쾌하게 지낼 수 있다. (고야마 씨 집)

Question
데크나 중정은 어느 방향에 만드는 게 좋을까?

동서로 길쭉한 부지를 활용해 거실 동쪽에 약 12㎡의 데크를 만들었다. 도로 쪽은 태피스트리 유리로 가리고 사이드는 루버 타입의 목제 펜스로. (S씨 집)

데크나 중정을 플래닝할 때 방향도 고려해야 한다. 대부분 '하루 종일 햇볕이 드는 남향 데크'를 선호하지만 여름에 뜨거워 차양이 필수이다. 동쪽으로 난 데크는 상쾌한 아침 햇살이 들어오고, 오후에는 건물 자체의 그림자에 의해 여름에 기분 좋은 그늘을 얻을 수 있다.

서향 데크는 오후부터 해가 비치고 멋진 석양을 즐길 수 있다. 다만 데크와 접해 있는 실내에 한여름의 석양이 오래도록 내리쬐므로 차광유리를 넣은 새시나 블라인드 등의 차단 대책이 필요하다. 직사광선이 거의 들지 않는 북쪽 방향은 풍경이 모두 남쪽을 향해 있어 아름다운 풍경을 즐길 수 있다는 장점이 있다. 동서남북 각각 좋은 면이 있으니 남쪽만 고집하지 말고 다양하게 검토해 보면 좋겠다.

Question
데크는 바닥 면적에 포함되나요?

외부로 개방된 데크는 바닥 면적에 포함되지 않는다고 생각하기 쉽지만 어떤 방법으로 사용하는지 또는 넓이, 지붕의 유무, 개방성 등에 따라 바닥 면적이나 건축 면적 계산에 들어가는 경우가 있다. 지자체에 따라서도 기준 내용이 다르므로 일률적으로 말할 수 없다. 플래닝에 들어가기 전에 어떤 데크를 원하는지 설계자에게 알리고 법 규제 등에 대해서도 미리 확인해 두자.

2층 거실과 이어지는 데크. 지붕이 있지만 법규를 통과해 건축 면적이나 연면적에는 포함되지 않는다. (S씨 집)

데크 바닥은 맨발에 기분 좋은 슬랑간바투. 요트 정박지의 데크나 연안의 건축물에도 사용될 정도로 내구성이 좋다. (F씨 집)

이웃집의 시선을 차단하기 위해 높은 울타리를 친 데크. 울타리와 바닥은 방충성과 살균성이 뛰어난 레드시더를 사용. 쉽게 부식되지 않는 소재로 외부 구조에 자주 사용된다. (O씨 집)

Question
우드데크는 어떤 소재가 좋을까?

우드데크의 바닥이나 데크를 지탱하는 기초 부분에도 내구연한이 있다. 그 시기를 넘기면 다시 만들어야 한다. 보통 데크재의 이페, 레드시더, 슬랑간바투는 15~20년, 편백, 나한백, 삼나무는 7~15년, SPF(2×4 공법의 구조재)는 3~5년으로 알려져 있다. 내구연수가 긴 목재일수록 비싸므로 예산에 맞게 선택하자.

Case **2**

나카지마 히로코 씨의
3가지 다짐

원목 테이블과 의자는 10년 넘게 애용
'가구라'의 테이블과 '얼콜'의 의자는 결혼할 때 구입한 것. 창가에
는 러그를 깔았다. "소파를 둘까 고민했지만 답답할 듯하여 러그를
뒀어요. 자연이 느껴지는 무늬가 마음에 들어요."

만든 이의 마음이 빛나는
물건을 고른다

같은 물건을 다양한 수단으로 살 수 있는 시
대니만큼 마음을 소중히 여기고 싶다. 쇼핑
하는 기쁨이 거기에 있다.

물건의 양은 신경 쓸 수 있는
범위까지

수많은 물건을 전부 다 신경 쓸 수는 없다.
자연스럽게 만난 것이나 물려받은 것을 소
중히 여긴다.

오랫동안 사용한 선반을 좌탁 상판으로
맑은 날이면 데크에서 간식을 즐긴다. 좌탁 상판
은 친구에게서 얻은 선반의 일부. 조리 도구와 장
난감을 넣는 용도로 쓰다가 망가져 선반만 재사
용 중이다. 다리는 주방에서 쓰는 받침대로.

선물 받은 의자는 천갈이를 해서 사용한다
결혼할 때 친구가 선물한 릴렉스 체어는 꽃무늬 천을 갈아 계속
사용하고 있다. "소파가 없어 유일하게 이 의자에서 느긋이 앉
아 쉬어요."

새 물건이 필요하면
대신 사용할 수 있는 것을 찾아본다

새로운 물건이 필요해지면 집안을 잘 둘러
본다. 좀 불편해도 대체할 만한 것이 없나,
생각하고 궁리하는 게 재미있다.

Profile

염색가. 대학생 때 염색을 시작해 현재는 전국의 가게에
염색 작품을 제공하고, 갤러리에서 작품전을 연다. 남편
과 8세 딸, 3세 아들, 1세 아들이 함께 사는 5인 가족이다.

**아이의 작품은
잠시 즐긴 후 처분**
큰아들이 주워온 돌과 딸의 작품
을 창가에. "작품은 잠시 장식해
즐기고 나면 중요한 몇 개만 남기
고 나머지는 처분해요."

Case 3

가와이 사야카 씨의
3가지 다짐

**앱 활용해
'소유품 리스트' 작성**

물건의 개수와 함께 용도까지 기입한 '소유품 리스트'를 작성. 의류와 주방용품이 각 150개, 문구와 공구류가 350개. 모두 합해서 약 800개. "리스트를 만들었더니 용도가 명확해졌어요."

① 정리를 통해 자신을 정리한다

뭔가 알 수 없는 답답함이 있다면 물건을 재점검한다. 정리를 통해 자신을 돌아보고 물건과의 관계도 새롭게 한다.

② '지금' 쓰지 않는 것은 버린다

쓰지 않는 것은 일단 한 곳에 모아놓고 처분을 고려한다. 그리고 지금 작동하는 것도 앞으로의 생활에 필요한지 항상 고민한다.

③ 자신에게 맞는 물건인지 체크한다

오랫동안 계속 쓰는 물건은 자신의 생활에 맞는다는 것. 나와 잘 맞는 물건이 무엇인지 알아보기 위해서라도 물건은 사용해 보는 것이 중요하다.

보고 있으면 기분이 좋아지는 물건

가운데는 가와이 씨가 만든 까마귀 병따개. "물건의 역할은 기능성도 중요하지만, 보고만 있어도 마음이 편안해지는 것도 필요하다고 생각해요."

애정하는 두툼한 컵

몇 년 전 구세군 바자회에서 100엔에 산 'SEYEI 도기'의 컵. "빠른 것보다 약간 느린 것이, 얇은 것보다 두껍고 터프한 것이 좋아요."

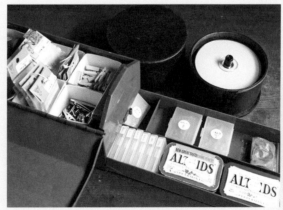

수납 용기에는 적정량을 쓰기 편하게 수납

필기도구는 볼펜의 교체 심을 포함해 필통에 들어갈 정도만. DIY를 좋아하여 공구 상자에는 금속 부품 등을 종류별로 케이스에 넣어 수납.

Profile

그래픽 디자이너. 화가 남편과 결혼 후 고양이 2마리와 함께 단독주택에 살았다. 2018년에 대나무 세공을 배우기 위해 오이타로 이주, 현재는 혼자서 직업훈련학교에 다니며 디자인 일을 병행하고 있다.

Simple is Best

수납과 디자인을 고민해
깔끔하고 쾌적한 집 만들기

앞으로 수십 년을 살 내 집.
개성있는 집도 매력적이지만 일상생활의 편리를 고려한다면 심플한 게 최고!
생활하기 편하고 가족 구성이나 라이프 스타일의 변화에도 대응하기 쉬운
'심플한 매력'의 두 집을 소개한다.

고마쓰 씨 집의 거실. 존재감 있는
대들보가 즐비한 천장과 네모나게
잘린 검은 벽이 심플 모던한 느낌
을 준다.

CASE **1**

수납과 집안일 하기 편리한
캐주얼한 집

고마쓰 씨 집 (지바현)
부부는 30대로 부인은 현재 임신 중. 결혼 전부터 남편이 땅을
찾았고 신혼생활을 새집에서 시작했다. "이 집에서 새 식구를
맞게 되어 기뻐요."

거실은 모던한 인테리어로 데크와 이어지는 부분은 테두리 없는 다다미를 깔끔하게 매치. 새시를 활짝 열면 실내와 데크가 한 공간이 된다.

LIVING ROOM

1 벽장과 TV장을 겸한 거실 수납장은 모두 깔끔하고 단정한 디자인. 소파가 바라보는 벽은 컬러 벽지를 발라 포인트로.
2 천장의 들보는 2층 마루를 지탱하기 위한 구조체로, 덕분에 칸막이가 없는 큰 공간을 만들 수 있었다.
3 주방의 뒷면 수납장은 아래위가 각각 열리는 구조.

삼각 지붕에 새하얀 벽, 정사각 창문. 군더더기 없는 심플한 디자인은 그림책에 나올 것 같은 사랑스러움이 느껴진다.

옥외 공간까지 활용한 플랜으로 쾌적하게

남편은 주택 관련 일을 하고, 아내는 간호사로 일하는 고마쓰 씨 부부. 바쁜 맞벌이 부부는 일과 가사를 병행하기에 무리하지 않고 깔끔하게 살 수 있는 따뜻한 느낌의 모던한 집을 원했다.

심플하지만 지나치게 모던하지 않은 집을 설계하는 '아틀리에 하코'사무소에 의뢰하였다.

"휴식 장소는 가능한 한 넓게!"라고 요청하여 1층은 넓은 원룸 형태의 LDK로. 거실, 방, 햇살이 가득한 데크가 이어져 있다. 이 연결된 공간이 고마쓰 씨 집의 가장 큰 매력. 심플하고 쾌적한 인상을 준다.

3 현관홀에는 천장높이의 신발장을 짜넣었다. 왼쪽에 보이는 반투명 칸막이벽은 폴리카보네이트 제품. 안쪽은 다이닝룸. 반투명 벽이라 햇살도 잘 들고 가족의 인기척도 느낄 수 있다.
4 넓은 현관 한쪽에 폴딩도어를 설치해 안쪽을 수납공간으로 만들었다. 재활용 쓰레기의 임시 보관 장소로도 활용.

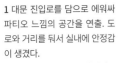

1 대문 진입로를 담으로 에워싸 파티오 느낌의 공간을 연출. 도로와 거리를 둬서 실내에 안정감이 생겼다.
2 현관문도 외관과 마찬가지로 심플하고 세련된 느낌으로.

5 거실 미닫이문을 열면 작은 세면실이 있다. 가족과 손님 모두 사용하기 편한 위치이다.
6 1층 화장실은 세면실을 지나야 있어 조용히 사용할 수 있다. 내장도 매우 심플하게.

다다미는 아내가 로망하던 공간이다. "근무시간이 불규칙한 직업이라 잠깐 누울 수 있는 곳이 필요했어요. 독립된 방을 만드는 건 과하다 싶었고 이 정도가 안성맞춤이었죠."

담장이 외부의 시선을 차단하여 따로 커튼이 필요 없다. 햇볕을 쬐며 느긋하게 쉴 수 있고 마당과 데크의 예쁜 디자인도 만끽할 수 있다. 정원에 데크를 깐 것도 심플 모던한 인상을 주는 요인 중 하나. 나무를 관리할 필요가 없고 실내를 연장해 쓸 수 있어 좋다.

데크를 통해 빛이 충분히 들어오므로 다른 벽면은 창의 크기를 줄이고 수납공간을 확보했다. 특히 다이닝룸과 주방에 넉넉한 크기의 붙박이 수납장을 짜넣었다. "심플한 생활에는 수납공간이 필수죠. 곧 아기가 태어나는데 물건이 많이 늘 거예요. 수납장을 넉넉하게 준비하길 잘했어요." 지금은 좋아하는 물건들로 장식해 여유롭게 활용하고 있다.

옷장은 모두 2층에 플랜. 욕실 & 세면실과 빨래 건조를 겸한 욕실 테라스도 2층에 있어 세탁과 건조 등의 집안일이 2층에서 모두 해결된다. "걷은 빨래는 항상 욕실 테라스 앞의 홀에서 갭니다. 햇빛과 바람이 가득 들어와 기분이 좋아요."라는 아내.

2층 복도의 폭을 조금 넓힌 덕분에 더욱 살기 편한 집이 되었다.

7 새시 바깥이 빨래 건조 공간 겸 욕실 테라스. 이 여유로운 홀이 집안일을 하는 공간으로 한몫하고 있다.
8 테라스를 바라보며 목욕할 수 있는 욕실과 세면실. 수전과 세면볼 등의 설비는 기성품을 선택했다.
9 2면의 창에서 빛이 들어와 계단홀과 계단 아래까지 환하다.

10 아이방은 문이 2개지만 내부는 연결된 원룸 평면. 필요해지면 중앙에 칸막이를 할 수 있다.
11 침대 없이 이불을 사용하는 침실. 잠자는 곳으로, 채광보다 시선 차단을 중시. 슬릿창으로도 통풍은 충분하다.

DATA

가족 구성 : 부부
대지 면적 : 134.04㎡(40.55평)
건축 면적 : 59.62㎡(18.04평)
연면적 : 110.96㎡(33.57평)
      1F 59.62㎡ + 2F 51.34㎡
구조·공법 : 목조 2층 건물 (2x4 공법)
본체 공사비 : 약 2,300만 엔
3.3㎡ 단가 : 약 69만 엔
설계 : 아틀리에 하코 건축설계 사무소
      www.hako-arch.com
시공 : 오쿠라 도쿄 본사

주요 사양

바닥 **1층** : 물푸레나무 3층 플로어링,
        류큐 다다미
    2층 욕실 : 쿠션 플로어 (토리)
    2층 : 물푸레 나무 3층 플로어링
현관 포치모르타르 쇠흙손 누름
벽 **1층·2층** : 비닐 벽지(릴리컬러)
    일부 시나합판에 오일스테인
급탕 가스 급탕기
주방 〈다카라 스탠더드 I형·L2580〉, 레인지후드
    수전금구(시스템 키친 부속품)
욕실 〈LIXIL〉 유닛배스 1616 사이즈
세면실 〈다카라 스탠더드〉
화장실 **1층·2층** : 〈LIXIL〉 베시아 VX 변기
새시 〈LIXIL〉 복층 유리 새시
현관문 〈LIXIL〉
지붕 갈바륨 강판
외벽 요업계 사이딩
단열 방법·재질 내단열·락울

설계자의 말

나나시마 유키노부 씨, 사노 토모미 씨
(아틀리에 하코 건축 설계 사무소)

전면 도로의 교통량이 많아 중정(데크)을 만들고 모든 공간이 중정을 향하도록 해 개방감을 높였다. 중정형 주택은 외부 벽면이 많고 창이 작아지기 쉬운데, 고마쓰 씨 집은 2층에 임팩트 있는 정사각형 창을 설치하는 등 부드러운 외관 디자인에 신경 썼다.

방문이 없다! 모든 공간이 연결되어 있는 집

우노 씨 집 (사이타마현)

낚시와 카메라, 음악 감상 등 취미부자인 남편과 손님 초대를 좋아하고 현재는 육아 휴직 중인 아내, 2살 된 아들과 9개월 된 딸이 함께 사는 4인 가족.

1 텔레비전을 설치한 벽의 안쪽은 2층 중심부에 설치한 수납고. 원룸이지만 아이들이 DVD를 보거나 리에 씨가 뜨개질을 하는 등 편히 쉴 수 있는 거실로.
2 외관은 매우 심플하게. 도로 쪽에 벽면을 세워 현관문을 열었을 때 안이 훤히 들여다보이지 않도록 했다.
3 거실 안쪽에 남편의 취미방을 배치. 바닥에 단차를 만들고 카펫을 깔아 공간을 구분하였다.

LIVING ROOM

마루 가운데 대형 수납공간을 물건 관리가 편하다는 점에서 신의 한수!

주택 전시장에서 '포하우스'를 보고 마음에 쏙 들었다는 우노 씨 부부. "구조에 관해 자세히 물어보고 이해한 후에 의뢰했어요." 부부는 개방적이고 가족들과 소통할 수 있는 '원룸 같은 집'을 원했다.

완성된 새집은 2층으로 올라가면 DK가 넓게 펼쳐지는 평면이다. 2층 중앙 부분에 구조상 기둥을 세워야 했기에 그것을 이용해 벽으로 둘러싼 수납고를 설치했다. 이 수납고를 칸막이 삼아 다이닝룸과 거실이 적당히 독립된 원룸 형식의 LDK를 만들 수 있었다.

DINING ROOM

수납고를 중심으로 회유하는 평면. TV는 벽에
걸어 TV장을 없앴고 걸레받이도 생략. 심플한
공간에 원목재 바닥이 따뜻한 느낌을 준다.

2층 기둥을 활용한 수납고는 완성되기 직전까지 어떤 느낌일지 두근두근했다고 한다. 실제 사용해보니 DK에서도, 거실에서도 쓰기 편하고, 감추고 싶은 것은 일단 여기에 넣어두면 되므로 집을 항상 깔끔하게 유지할 수 있다.

다이닝쪽 수납고 벽면에도, 거실쪽 벽면에도 TV를 설치하여 TV장을 따로 둘 필요가 없다. "쓸데없는 물건은 두고 싶지 않다."던 부부에게 딱 맞는 플랜이 되었다.

"아이들은 이 주변을 빙빙 돌며 논답니다. 원룸 평면이라 청소하기도 굉장히 편해요!"

처음에는 계단과 DK를 벽으로 막아 벽면 수납을 하는 설계안이었지만, 답답할 듯하여 카운터로 변경했다. 수납공간은 줄었지만 다락 수납공간을 만들고, 심플하지만 수납력이 좋은 시스템 키친을 선택해 보완하였다. 트윈 구조라 어린 아이들이 항상 시선 어딘가에 있는 안전한 집을 짓게 되었다.

다이닝룸과 연결된 발코니에는 높은 벽을 설치하여 바깥의 시선을 신경 쓰지 않아도 되고 창이 가려져 외관도 매우 심플해졌다.

"LDK를 2층에 만들어 아이들이 큰 소리를 내도 도로까지 들리지 않아 안심이에요. 발코니에서 바비큐 파티를 하고, 손님을 초대해 즐거운 시간을 보내곤 해요."

일상을 즐기면서 동시에 생활감을 줄이는 아이디어가 가득한 우노 씨의 집. 가족과 친구와 풍요로운 시간을 보낼 수 있는 이상적인 집이다.

DINING ROOM

전면 개방할 수 있는 창 앞에는 높은 벽을 설치한 발코니가. 개방된 공간이면서 주위의 시선을 신경 쓸 필요가 없다. 계단과 이어진 테이블 카운터는 평소에 아래쪽에 베이비 가드를 설치해 사용.

1 2층 화장실 코너. 거울과 타일은 '토요 키친 스타일'. 주방 타일과 같이 마감.

2 1층 화장실은 알전구 조명과 회색 P 타일을 시공한 바닥으로 쿨하게 정리.

3 세면실에 가로로 긴 거울을 달아 넓어 보인다. 거울 아래위로 간접 조명을 설치하여 얼굴이 예뻐 보이는 '여배우 조명' 완성!

4 시스템 욕실. 때가 잘 끼지 않고 겨울에도 차갑지 않은 바닥, 청소가 쉬운 배수구 등을 갖췄다.

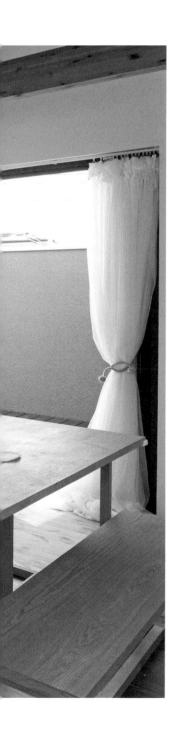

5 LDK 중앙에 설치한 약 1평 크기의 수납고 내부. 수납 케이스를 활용해 깔끔하고 편리하게 정리했다. 왼편 안쪽에도 충분한 공간이 있어 2층에서 사용하는 물건은 모두 수납할 수 있다.

6 계단 위쪽의 다락은 1.5평 정도 크기. 계절용품 등을 수납해 방을 깔끔하게 유지하고 있다.

7 직사각형의 DK를 넓게 사용하기 위해 주방은 벽면형 오픈 스타일로 배치. 스테인리스 상판에 베네치안 글라스의 모자이크 타일이 포인트가 되었다.

1 침실에서 본 드레스룸과 복도. 방문이 없는 대담한 구조이다. 덕분에 아내가 2층 주방에서 요리를 하고 있어도 아이가 일어났는지 알 수 있다.
2 현관에서 침실까지 바닥은 모르타르, 조명은 다운라이트를 설치하여 '동굴' 같은 아늑한 느낌을 살렸다.
3 침실의 드레스룸 내부.
4 스위치는 흰 벽과 조화를 이루는 심플한 'JIMBO(진보전기)'로.
5 아이방은 문이 없지만 단차를 두고 바닥재를 달리해 영역을 구분. 내림벽 덕분에 아늑하고 개성있는 공간이 되었다.

KID'S ROOM

6 현관을 구분할 필요가 없다고 생각해 현관과 복도에 단차를 두지 않았다. 스켈레톤 계단을 통해 2층과 연결되어 쾌적하고 넓게 느껴진다.

7·8 부드러운 인상을 주는 현관 정면의 둥근 벽. 왼쪽으로 돌아가면 세면실과 욕실이 있다. 벽 바로 뒤에는 신발장이 있다.

9 2층 발코니가 처마 역할을 하므로 현관 포치는 비오는 날에도 밖에서 놀고 싶어 하는 아이들의 놀이터가 된다.

DATA

가족 구성 : 부부 + 자녀 2명
대지 면적 : 159.02㎡ (48.10평)
건축 면적 : 62.10㎡ (18.79평)
연면적 : 102.06㎡ (30.87평)
　　　　　1F 52.17㎡ + 49.89㎡
구조·공법 : 목조 2층 건물(축조 공법)
본체 공사비 : 약 2,230만 엔
3.3㎡ 단가 : 약 72만 엔
설계 : 폴라스 그룹
　　　　포하우스 1급 건축사 사무소 /
　　　　www.pohaus.com
시공 : 폴라스그룹 폴라 테크

주요 사양

바닥 **1층 침실·포치** : 모르타르 쇠흙손 마감
　　　1층 아이방 · 2층 : 레드 파인 원목재 마루
　　　화장실·욕실 : P 타일
벽 **1층** : 벽지(일부는 모르타르) **2층** : 벽지
급탕 〈린나이〉 에코조즈
주방 토요 키친 스타일(I형 폭 255cm)
욕실 〈LIXIL〉 시스템 욕실(INAX·포하우스 에디션)
세면실 **1층·2층** : 주문
　　　　세면볼·수전금구 〈산와 컴퍼니〉
화장실 〈LIXIL〉 베시아 VX
새시 〈LIXIL(신니케이)〉 로이 유리
현관문 〈LIXIL(신니케이)〉 단열문
지붕 산코식 기왓가락 이음
외벽 모르타르 분사 마감
단열 방법·재질 외장 단열 · 고성능 글래스울

설계 포인트

야마다 히데아키 씨
(포하우스 건축사 사무소 설계 디자이너)

각 공간의 문을 모두 없앴지만 단차를 두거나 바닥재를 달리해 자연스럽게 구분하였다. 외부 단열을 충실하게 하여 칸막이가 없어도 쾌적하다.

우리 회사의 독자적인 통풍 설계로 환기도 원활하다. 방의 벽면 수납장은 용도가 한정되지만, 집의 중심부에 집중 수납공간을 만들면 집 곳곳에서 접근이 쉽고 물건이 늘어나도 수납이 가능하다.

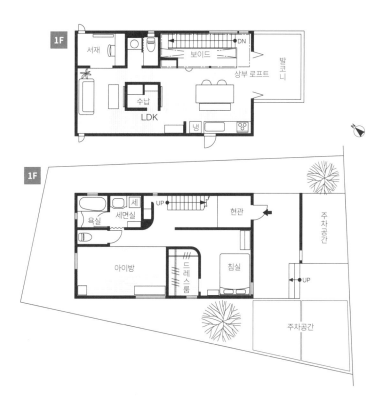

주변 환경을 활용한 집짓기

도시의 작은 '만족 하우스'와
자연에 둘러싸인 '힐링 하우스'

각자의 생활방식에 맞는 집을 지어 쾌적하게 사는 두 가족. 부지의 환경을 잘 활용해
편안한 공간을 만들어 낸 노하우는 뭘까? 두 집을 방문해 건축주를 만나 보았다.

창밖으로 데크가, 머리 위로는 보이드가 있어 개
방감 넘치는 거실을 만들었다. 데크를 실내 테라
스처럼 만들어 주위 시선을 신경 쓰지 않고 편하
게 쉴 수 있다. "이전부터 사용하던 아시안풍의
소파가 마음에 들어 이를 기준으로 거실의 크기
와 인테리어 스타일을 정했어요."

POINT A
데크와 보이드로
집 전체를 환하고 개방감있게

위층 디자인은 아이캐처 역할까지

1 유틸리티 옆은 화장실로 만들까 했지만 예산 문제로 남편의 서재 코너를.
2 DK 상부에 유틸리티를 배치. "벽의 상부가 비어 있고 회전식 작은 창문이 있어 아래위층이 연결된 느낌이에요." 모던한 벽 디자인은 '아틀리에 하코'라서 가능 했다. 벽과 천장에 사용한 합판은 원목보다 저렴하고 나무의 따스함은 충분히 느 낄 수 있다. 천장은 깊이감 있는 색으로 도장했다.

도심의
'만족 하우스'

스킵 플로어로
'작지만 좁지 않은 집' 완성!

POINT B
스킵 플로어의 단차를
수납공간으로

4인 가족 / 하나사키 씨 집 (도쿄도)

부부와 5세 아들, 3세 아들의 4인 가족. "첫 아이를 임신했을 때 주택 부지를 찾기 시작했어 요. 의외로 빨리 원하는 땅을 찾았고, 새집에서 아이를 키우고 있어요."

'만족 하우스'의 편안함 포인트

point A	데크와 보이드로 밝고 개방적으로
point B	스킵 플로어의 단차를 수납공간으로
point C	스킵 플로어로 공간 구분
point D	집안일은 물 쓰는 공간으로 집약
point E	집의 안과 밖을 잇는 회유동선

**층의 단차를
대용량 수납공간으로 활용**

3 폴딩도어를 열면 화장실. 문을 여닫 는 공간을 아끼기 위한 아이디어다.
4 계단 밑을 이용한 화장실. 비용 절 감을 위해 여기 한 곳만 설치.
5, 6 키 낮은 폴딩도어를 열면 DK의 마루 밑에 해당하는 수납공간이 나온 다. "방과 면적이 같아 꽤 커요. 어른 이 몸을 굽히고 들어가야 하지만 물 건을 보관하기에는 충분해요."

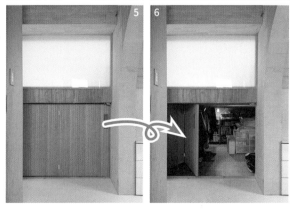

1층의 다이닝룸과 주방은 부지에서 반층 올라가 있어 중2층 느낌을
준다. 아내의 요청으로 대면식 주방을 만들고, 뒷면에 수납공간을
만들어 콤팩트하지만 깔끔하게 사용할 수 있어 만족한다.

1 주방 옆은 이웃집이 인접해 있어 작은 보이드를
설치하고 위층의 하이사이드 라이트와 톱 라이트로
채광을 확보, 벽을 따라 부드러운 빛이 떨어진다.
2 주방의 뒷면에 가동식 선반과 슬라이딩 문을 설치
하고, 주방 소가전을 수납하였다. 인출식 선반에는
밥솥을.

도심의 편의성을 우선하여 작은 부지라도 OK!

부부가 원한 부지는 지하철역에서 도보로 15분 이내인 곳. 남
편은 "도심과 가까운 곳이라 넓은 부지는 바라지도 않았어요.
주변 편의성은 우리가 바꿀 수 없지만 부지의 협소함은 평면
설계와 생활방식에 따라 해결 방법이 있으리라 생각했어요."
라고 말한다.

'협소 주택 오픈하우스'를 여러 곳 방문하면서 협소 부지에
대해 유연하게 생각하게 되었다.

"숫자와 사진만으로는 감이 빨리 오지 않지만 건축가가 주
최하는 오픈하우스에 가보니 '이렇게 만들면 이 정도 공간의
느낌이 나는구나!'를 실감할 수 있었어요."

이런 경험을 통해 20평 이상의 땅이라면 충분히 생활할 수
있다고 판단. 설계사무소 아틀리에 하코에 상담하고 토지 선
택에 관한 조언을 받아 25평의 깃대부지를 매입했다.

작은 부지의 특성을 살려 건축가는 스킵 플로어 플랜을 제
안. 거실과 DK 등의 공간을 짧은 계단으로 이어 공간마다 체
감 면적이 넓어졌다. 공간을 최대한 활용하여 층의 단차를 수
납공간으로 만들고, 주위의 건물과 창문의 높이를 어긋나게
설치하는 등 스킵 플로어의 장점을 최대한 활용하였다.

POINT
C
스킵 플로어로 공간 구분

LD를 단차로 연결해 공간감이 느껴지도록
다이닝룸과 주방은 5평 정도이지만 천장이 높은 거실 쪽으로 시선이 트여있어 좁다는 느낌이 없다. 단차 부분에 둔 선반은 남편이 직접 만든 것. '무인양품'의 패브릭 박스를 넣어 아이들의 장난감 등을 수납하고 있다. 왼편의 홈오피스는 데크의 계단 밑. 작은 공간도 낭비 없이 활용하고 있다.

부지의 장점을 살려 플래닝하다

주택지는 정면의 폭이 좁고 안길이가 긴 직사각형의 부지와 깃대형 부지 중에서 선택을 망설였다고 한다. 이에 건축가는 가격이 싸고 부지의 안쪽 부분을 정형해 건폐율을 가득 채운 건물을 지을 수 있는 깃대형 부지를 추천하였다.

"세로로 긴 부지는 집의 복도가 길어지는 단점이 있어요. 건물의 폭이 넓으면 복도를 짧게 만들 수 있고, 스킵 플로어 계단은 생활과 놀이의 장소로 유용하게 쓸 수 있다고 말씀드렸죠."

건축가는 스킵 플로어의 공간 연결을 설명하기 위해 설계 초기부터 입체 모형을 여러 개 만들어 부부의 이해를 도왔다고 한다.

도심의 집짓기는 프라이버시 확보가 큰 문제이다. 특히 '만족 하우스'처럼 이웃집으로 둘러싸인 부지의 경우는 주위의 시선에 노출되지 않으면서 밝은 실내를 만드는 것이 과제다. 건축가의 제안은 외벽으로 에워싼 데크를 만드는 것.

"벽의 높이를 정하기 위해 주변의 집들도 상자로 재현해 새 집의 모형 주위에 세워놓고 여러 가지를 검토했어요."

그 결과 채광을 최대한 확보한 밝은 거실이 완성되었다. 도심에서도 커튼이 필요 없는 개방적인 생활을 즐기고 있다. 데크가 2개의 층을 이어주고 있다는 점도 포인트. 아웃도어 공간을 포함한 회유 동선이 생활에 리듬을 만들어 준다.

침실은 비용을 줄이고 최대한 심플하게
1, 2 "거실과 다이닝룸의 쾌적성을 최우선했어요. 침실과 아이방은 '아늑한' 분위기를 원했어요." 천장의 구조재를 노출하고 벽을 라왕 합판으로 마감해 비용을 절감했다.
아이방(오른쪽)은 원룸형으로. 나중에 들보와 기둥을 따라 벽을 세워 2개의 방으로 분리할 예정이다. "아이들은 십여 년 후면 독립할 테니 그 후의 편리함까지 생각했어요."

POINT **D** 집안일은 물 쓰는 공간으로 집약

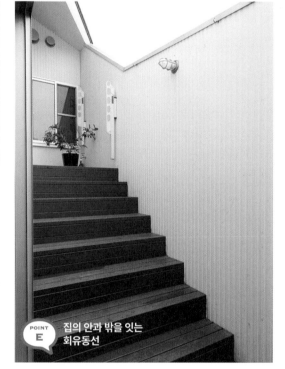

POINT **E** 집의 안과 밖을 잇는 회유동선

창문을 활짝 열고 개방적으로 살 수 있는 비결이 여기에
유틸리티와 거실, 2개의 층을 밖에서 연결하는 데크는 이웃의 시선을 차단하면서 각 층에 채광과 개방감을 가져다준다. 여름철 햇살이 너무 강할 때는 가림 천으로 햇볕을 막는다. "여름에는 어린이용 풀장을 만들어 놀이 공간으로 활용해요. 아이들을 재운 후 여유롭게 데크에서 쉴 수 있어 좋아요."라는 남편.

넓어서 여유롭다! 생활도 집안일도 쾌적하게
3 2층의 동쪽에 유틸리티를 배치. 부인은 "빨래를 하고 널고 개는 일련의 일을 한 곳에서 해결하는 것이 로망이었어요. 외부 데크와 연결하고 작업대도 설치했어요."라며 매우 만족해 한다.
4 작업대 아래는 수납공간. 다림질도 할 수 있고 다용도로 활용.
5 데크를 통해 하늘이 보이는 개방적인 욕실.
6 세면대 정면은 동쪽으로 난 하이사이드 라이트. 밝은 공간에서 기분 좋게 외출 준비를 할 수 있다.

**주택 밀집지에서
스킵 플로어가 효과를 발휘**

7 도로에서 반 층 높이의 계단을 오르면 현관이다. 이 단차 덕분에 옆집 현관과 자연스런 거리감이 생겼고 각 층의 창 높이도 어긋나게 배치할 수 있었다. 외벽은 비용을 절감할 수 있는 사이딩으로 하여 모던한 느낌이 난다.

8 현관홀. 아이방과 침실은 반층 아래 위치해 있다. 벽면에 콤팩트하게 신발 수납장을 설치하고 심플하게 마감하였다.

설계 POINT

사노 토모미 씨, 나나시마 유키노부 씨
(아틀리에 하코 건축 설계 사무소)

협소 부지에 집을 지을 때는 면적뿐만 아니라 높이 활용에도 주목해야 한다. 주택 밀집지는 엄격한 높이 제한이 있지만, 최대한 볼륨을 잡아 건물의 세로 공간을 최대한 사용하는 것이 좋다. 효과적인 것이 스킵 플로어나 로프트. 천장이 높은 공간과 낮은 공간을 만들어 변화를 주면 공간이 넓게 느껴지는 장점도 있다.

단면도

DATA

가족 구성 : 부부 + 자녀 2명
부지 면적 : 84.57㎡(25.58평)
건축 면적 : 44.82㎡(13.56평)
연면적 : 77.50㎡(23.44평) 1F 44.82㎡ + 2F 32.68㎡
       (바닥 밑 수납 15.38㎡ 제외)
구조·공법 : 목조 2층 건물(축조 공법)
본체 공사비 : 약 1,950만 엔(세금 포함)
3.3㎡ 단가 : 약 83만 엔(세금 포함)
프로듀스 : 아틀리에 하코 건축설계 사무소
구조 설계 : 히라오카 건축구조연구소 (히라오카 신이쓰)

주요 사양

바닥 1, 2층 : 월넛재 적층 플로어링, 진입로
     현관 : 모르타르 쇠흙손 누름
벽 시나 합판, 라왕 합판
천장 구조용 합판 노출, 시나 합판, 라왕 합판
급탕 에코 큐트
주방 **본체** 〈LIXIL〉 시스템 키친(I형 · 폭 270㎝)
     레인지후드 〈후지공업〉
욕실 〈LIXIL〉 UB 1616
세면실 세면볼 · 수전금구 〈산와 컴퍼니〉
화장실 〈LIXIL〉
새시 〈LIXIL〉 복층 유리 새시
현관문 〈LIXIL〉
지붕 갈바륨 강판
외벽 〈고노시마 화학공업〉 도장 완료 사이딩
단열 방법 · 재질 글라스 울 충전

자연에 둘러싸인
'힐링 하우스'

부지도 집도 여유롭게
DIY로 가꿔가는 집

4인 가족 / O씨 집 (지바현)
부부는 도쿄에서 미용실을 경영하다 지바현으로 이주. 가게는 직원에게 맡기고 숲속 힐링 하우스에서 주말에만 헤어살롱을 연다. 6살, 4살 아들과 부부. 4인 가족이다.

1 100m 정도 언덕에 듬직하게 서 있는 이국적인 O씨 집. 약 740평의 부지에 잡목을 베어 정리하였다. 그때 자른 나무는 난로 장작으로 쓰고 있다.
2 나무들 사이로 호수가 보인다.
3 전면 개방되는 테라스 창과 이어진 발코니에 나가면 호수와 멋진 자연이 눈 앞에 펼쳐진다. "아침은 이곳에서 커피를 마시며 시작해요. 사계절 내내 우리 부부의 일과죠."라는 남편.

늘 가족이 모이는 개방감 넘치는 LDK

4 DK와 이어지는 발코니는 실내와 동일한 석재 타일. 테이블은 가구 숍 'RUSTIC TWENTY SEVEN'에 특별 주문.

5 보이드를 설치하여 쾌적한 거실. 바닥의 석재 타일은 반년에 걸쳐 남편이 직접 깔았다.

6 가을부터 봄까지는 온수를 바닥 난방에 이용할 수 있는 다기능 장작 난로로 난방을 한다. 여름에는 창문을 열면 에어컨 없이도 시원하다.

남편의 취미 중 하나인 장작 패기. 2년 동안 건조시켜 사용한다. "'탁'하고 도끼를 내리치는 순간 뭐라 말할 수 없이 속이 후련해져요."(웃음)

(POINT A) 원룸형으로 확 트인 개방감을

(POINT B) 여름에는 자연 바람, 겨울에는 장작 난로가 있는 집

O씨 집의 집짓기 포인트

point A 원룸 형식으로 확 트인 개방감을

point B 여름에는 자연 바람,
          겨울에는 장작 난로가 있는 집

point C 내외장재는 모두 자연 소재로

point D 큰 창으로 아름다운 경치를 마음껏 즐긴다

point E 타협하지 않고 좋아하는 디자인으로

해먹을 좋아하는 아이들. 친구의 자녀들에게도 인기이다. 여름에는 나무 그늘에 해먹을 걸어 최고의 낮잠 침대로.

숲속 집에 어울리도록 큰 지붕을 얹어 북미 스타일 주택으로 디자인했다. 포치의 캐노피는 팀버 프레임의 트러스 구조, 지붕 위에는 귀여운 박공 도머 (Gable Dormer)*를 시공하였다.

*박공 도머 : 도머(Dormer)는 지붕의 경사면에 돌출되도록 설치되어 다락공간을 넓게 사용하거나 창을 설치하는 용도로 주로 사용. 도머의 지붕이 박공 지붕 형태인 경우에 박공 도머라 한다.

POINT C 외장도 내장도 모두 자연 소재로

세월에 따라 지붕도 외벽도 자연스런 실버 그레이로
1 O씨 집의 가장 큰 특징은 외벽을 적삼목 쉐이크 지붕과 무도장 적삼목을 시공한 것이다. 지붕은 멀리서 봐도 따뜻함이 느껴진다.
2 모든 창은 디자인이 예쁜 단열 복층 유리 새시를 사용.

앤티크 도어로 꾸민 '집의 얼굴'
3 친구가 운영하는 인테리어 숍에서 구입한 프랑스 앤티크 도어. 유리창에 개폐식 장치가 있어 여름에는 창을 열어 통풍한다.
4 신발장으로 쓰는 선반도 프랑스 앤티크.

자연에서 아이를 키우고 싶어 이주를 결심

"온종일 새소리가 들리고, 여름이면 방울벌레의 아름다운 울음소리가, 겨울에는 호수면에 아침 안개가 끼어 환상적인 자연을 만날 수 있어요. 차도 거의 안 다녀서 친구들은 '무릉도원'이라고 불러요.(웃음)"

눈앞에 펼쳐지는 호수를 바라보며 하루를 여는 숲속 생활이 2년째인 O씨 부부. "저는 규슈의 작은 마을에서 자랐어요. 집 근처에 논밭과 숲이 있었죠. 자연에서 재미난 것을 많이 배웠어요. 아무것도 없는 시골이라고 할 수도 있지만 풍부한 환경이었어요." 라고 말하는 남편.

둘째 아이는 자연의 품에서 느긋하게 키우고 싶어 과감히 도쿄를 떠나기로 결심했다. 처음에는 바다와 산이 있는 쇼난 지역에서 주택 부지를 찾았다. 그러나 예산에 맞는 땅을 좀처럼 만나지 못하고 눈 깜짝할 사이에 2년이 지나 버렸다.

"절망적인 기분으로 스마트폰 지도를 보는데 지바현이 눈에 들어왔어요. 도쿄에서 100㎞ 이내였고 그 순간 느낌이 확 오더군요." 탐탁치 않아하는 아내를 겨우 설득해 별장지로 갔다.

"풍광을 본 순간 제 예상이 맞았다는 걸 알았죠. 숲에서 지금까지 느껴본 적 없는 기분 좋은 바람을 느꼈어요."

매일 사용하는 주방에 더욱 신경 쓴 디자인
'RUSTIC TWENTY SEVEN'에 특별 주문한 셰이커 스타일의 주방. 타일과 레인지후드, 싱크대까지 세심하게 고려하여 배치하였다. 오픈 선반에는 부부가 다양한 가게에서 구입한 앤티크 병을 진열하였다.

다이내믹한 공간을 만드는 보이드
5 프랑스에서 개인적으로 수입한 상들리에를 들보에 설치. 그 바로 아래에 식탁이 오도록 배치했다.
6 아래위층을 이어주는 소통의 보이드. "1층에서 집 구조의 아름다움을 올려다 보는 것도 행복해요."라는 남편.

수납을 위한 팬트리
7 계단실에 나무 울타리를 설치하였다. 덕분에 현관에서 거실이 바로 보이지 않고, 사람의 인기척은 알 수 있다.
8 지하로 내려가는 계단실 입구. 현재는 접사다리를 이용하고 있는데, 계단을 만들 예정.
9 팬트리의 랙은 프랑스 앤티크 제품으로, 원래는 가든용이었다. 안쪽의 문을 열면 주방이다.

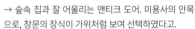

POINT
D
큰 창으로
사계절을 즐긴다

↑ 빈티지한 펜던트 램프는 부인이 충동 구매한 후 창고에 뒀다. "이제야 잘 어울리는 공간을 만났어요."

→ 숲속 집과 잘 어울리는 앤티크 도어. 미용사의 안목으로, 창문의 장식이 가위처럼 보여 선택하였다고.

아이들에게 집의 추억을 선물하고
비용 절감 효과도 있는 DIY로

'숲속 집'은 미국 개척 시대의 주택과 그림책 작가 타샤 튜더가 살았던 집에서 모티브를 얻었다. "세월이 갈수록 표정이 풍부해지는 나무 집의 매력을 마음껏 느끼고 싶었어요."

그런 집을 짓기 위해 '다키타로 우드하우스'의 다키구치 카즈오 씨를 파트너로 선택하였다. 첫 만남에서 의기투합하여 그날 바로 집짓기를 의뢰했을 정도. 자연 소재를 사용할 것과 방의 수를 줄이더라도 여유 있고 개방적인 공간을 원했다. 그래서 건축가와 집의 디테일에 대해 몇 시간씩 이야기를 나눴다.

건축가는 "건축주 부부는 건축 양식과 인테리어 지식이 풍부하고, 제가 모르는 소재까지 알 정도여서 의뢰에 부응하기

위해 꽤 고민을 했어요."라고 말한다.

부부가 원한 또 한 가지는 바로 DIY로 벽과 바닥의 일부를 마감하는 것이었다.

"이 집과 함께 자라는 아이에게 어떤 추억을 남겨 주고 싶었어요. 고민하다가 집의 일부에 부모의 솜씨로 직접 만든 곳을 남기면 좋겠더라고요. 시공에 참여하는 것도 즐겁고요. 건축가도 자택을 직접 지었다는 이야기를 듣고는 든든했어요."

O씨 가족의 '힐링 하우스'는 현재 진행형.

"아이방 벽은 몇 년 뒤에 아이랑 함께 칠할 거예요. 지하실도 차고도 미완성이지만 조금씩 완성하는 중이에요."

앞으로도 계속 변화될 집을 설레는 마음으로 기대하는 가족의 모습이 인상적이다.

청량한 느낌의 블루 타일로 깔끔하게
1 탈의실과 세탁실을 겸하는 세면실은 넓게 확보. 오른쪽의 옷장은 앤티크 숍에서 구입하여 수건과 의류 등을 수납한다.
2 블루 모자이크 타일을 붙인 세면대와 스퀘어 타입의 세면볼로 세련되게 코디.

풍경을 즐기며 목욕
3 화장실 벽은 미완성으로, 변기를 설치하기 위해 일부만 페인트 칠 했다. 앤티크풍의 핑크색 밀크 페인트로 마감.
4 적삼목으로 벽면 마감한 욕실은 현장 미팅 중에 아이디어가 떠올라 만든 것. 욕조에 누워 바깥 경치를 즐길 수 있도록 넓은 창문을 낮게 설치.

POINT E 좋아하는 디자인이 곳곳에

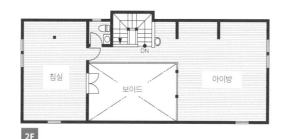

칸막이벽은 최소화하고 개방감을 우선

5 이 집에서 유일하게 문이 있는 침실. 앞쪽의 아이방과 거실은 모두 트여있어 개방감을 만끽한다.

6 아이들 방의 벽도 미완성. 스위스 회반죽에 도전할 생각이라고 한다.

7 난간을 보강하기 위한 브레이스에 세련된 쇠장식을 붙였다. 세세한 부분까지 좋아하는 디자인을 고수했다.

8 스위치를 매립하기 위해 커버 주변만 미리 페인트칠 했는데, 드디어 벽면 페인트칠을 시작.

DATA

가족 구성 : 부부 + 자녀 2명 + 반려견 1마리
부지 면적 : 2446.02㎡(739.92평)
건축 면적 : 110.13㎡(33.31평)
연면적 : 145.74㎡(44.09평)
　　　　 1F 87.48㎡ + 2F 58.26㎡
구조·공법 : 목조 2층 건물(축조 장선리스 공법)
본체 공사비 : 약 3,800만 엔(주문 주방과 건축주 시공 부분 재료비 포함. 에코 큐트 설치 공사비, 난방 기능이 있는 난로와 바닥 난방비, 외구 공사비는 별도)
프로듀서 : 다키타로 우드하우스
www.takitaro.com/takitaro_house

설계 POINT

다키구치 카즈오 씨
(다키타로 우드하우스)

프로듀서 입장에서 시공사 선정부터, 기본 설계, 소재 조달, 건축주 시공 등 전반을 지원했다. 건축주가 가장 신경 쓴 것은 스타일.
용마루에서 발코니까지 하나로 이어지는 좌우 비대칭의 큰 지붕에 도머(Dormer)를 설치하여 다락방을 연상시키는 디자인을 제안했다. 적삼목 지붕과 외벽 마감도 건축주가 만족한 포인트.

2F — 침실 / 보이드 / 아이방 / DN

1F — 팬트리 / 현관 / 세면실 / 세 / 세 / 냉 / 욕실 / UP / LDK / 미용실 / DN / 발코니

주요 사양

바닥 **1층** : 천연 슬레이트 석재 타일
　　 2층 : 레드 파인 원목 플로어링
　　 헤어 살롱 : 화이트 오크재 헤링본 시공
벽 페인트 마감 'KELLY-MOORE' (일부 허리벽 파인 벽널)
천정 **1층** : 레드파인 벽널, **미용실 공간** : 페인트 마감 'KELLY-MOORE' **2층 보이드** : 레드파인 벽널
　　 거실 : 페인트 마감 'KELLY-MOORE'
난방 〈오로라 아쿠아〉 급탕 기능이 있는 장작 난로 + 바닥 난방 시스템(현장 오리지널 시공)
급탕 〈히타치〉 에코 큐트
주문 주방 **본체** 〈RUSTIC TWENTY SEVEN〉
　　 주방, 벽 〈서브웨이 세라믹스〉 타일 마감
욕실 **욕조** 〈KALDEWEI〉, **수전금구** 〈그로헤〉
세면실 주문, **세면볼** 〈Durasa〉, **수전금구** 〈SUERDA〉
화장실 **변기** 〈KOHLER〉
새시 〈마빈〉 단열 복층 유리 새시
문 **현관** : 프랑스 앤티크 문, **주방문** 〈심슨〉
지붕 웨스턴 적삼목 쉐이크 지붕
외벽 웨스턴 적삼목 오리목 시공 (일부 슬라이스 벽돌 + 모노프랄KS 줄눈)
단열방법 내단열(재질 : 글라스울)
건축주 시공 부분 **바닥** : 석재 타일 시공 마감
　　 벽과 천장 일부 : 〈KELLY-MOORE〉 페인트 마감
　　 외벽 일부와 굴뚝 일부 : 슬라이스 벽돌 시공 마감

245

1
모르타르를 가공해
석재 느낌이 나는 상판

**프렌치 스타일의
주문 제작 주방**
"과자를 만들려면 역시 가
스 오븐이 있어야 해요." 가
스레인지는 'HARMAN'의
'플러스 두'를.

큰 창이 있는 쾌적한 주방
"작업 공간을 넓게 만들고 싶
어서 II형을 선택했어요." 복
잡한 싱크대 부분은 패널로
가렸다.

감성이 물씬! 난로 같은 가스 스토브
"장작 난로도 좋겠지만, 술에 취해 잠들 경우의
위험을 고려해 포기했어요.(웃음)"라는 남편.

My Roman House

'좋아하는 것'을 모아
완성한 로망 하우스

멋진 디자인과 성능이 뛰어난 패시브 설비. 집짓기를 꿈꾼다면
누구나 무엇을 우선할 것인지 고민하게 된다. 기하라 씨 집은
운 좋게 양쪽을 모두 갖추었다. 믿을 수 있는 파트너와 함께
만든 '로망 집'을 소개한다.

3인 가족 / 기하라 씨 집 (도쿄도)
서핑과 스노보드, 오토바이 투어링을 즐기는 남편, 가드닝
과 빵, 과자 만들기 등을 즐기는 아내. 취미부자 부부와 캐나
다에 유학 중인 아들까지 3인 가족.

숲이 울창한 자연공원과 가까운 최고의 장소에 위치한 기하라
씨의 집. 부모님께 물려받은 부지에서 집을 짓고 10년 정도 살
던 부부는 리모델링을 검토한 끝에 재건축하기로 마음 먹었다.
 "예전 집은 공원 쪽으로 난 창이 거의 없었어요. 공원의 녹
음을 만끽할 수 있도록 공원을 향한 개방적인 공간을 만들고
싶었어요."라는 아내.
 그리고 공원 쪽으로 난 큰 창과 발코니를 갖춘 LDK가 중심
인 집을 완성했다. 유리벽을 통해 밝은 빛과 아름다운 자연이
방안까지 가득하다.

Dining & Kitchen

Point 2

**세련된 문의 안쪽은
팬트리와 냉장고**

4 *Point*

**카운터의 니치를 활용해
책을 수납**

3 *Point*

**바닥 소재를 달리해
자연스럽게 공간 구분**

세련된 컨트리 키친

"예전 집 주방은 벽을 향해 있어
음식을 할 때 고립된 느낌이었어
요. 이번엔 꼭 대면식 주방으로
하고 싶었어요."

5 *Point*

**철제 파티션으로
파리 느낌을**

벽 한면을 유리벽으로
집안 전체에 빛을 들이고 공간에
개방감을 주는 유리벽. 인테리어
책에 나올 듯한 세련된 거실 모습.

Library Loft

로프트를 활용한 서재
"서재를 2층 보이드로 만
들고 싶다고 요청하였더니
이렇게 멋진 공간을 만들
어 주셨어요."

인접한 공원의 녹음과
쾌적함을 우리 집 안으로

6 *Point*

**앤티크 스테인드글라스는
포인트로**

다이닝룸 옆에 만든 홈오피스
편의성을 고려하여 LDK 안에 설치. 거실에서 책
상의 어지러운 모습이 보이지 않도록 자연스럽
게 가림벽으로 가렸다.

예전부터 인테리어를 좋아했고 외국 책에 나오는 집을 동경하는 부인과 빈티지 스타
일을 좋아하는 남편. 두 사람은 신축이지만 세월의 멋이 배어있는 집을 원했다.

　"처음에는 주택 전시장을 다니며 우리의 희망을 이뤄줄 주택 건축업체와 상담을 했
는데, 아무리 이미지를 설명해도 엉뚱한 대답만 돌아오는 거예요.(웃음)"

　그래서 주택 잡지에서 포트폴리오를 보고 마음에 든 '네이처 데코'와 상담을 했다.

　"하나를 말하면 열을 이해해 주는 느낌이라 이곳에 의뢰하고 싶었어요."

　주택 디자인은 더할 나위 없이 좋은데, 단열 등의 성능이 걱정이었다. 오픈하우스
에 함께 다니며 궁금한 건 묻고, 쾌적성도 체감하면서 시공 기술에 대해 조금씩 이해
하게 되었다고 한다.

Living

벽돌 타일의 포인트 월
거실 한 면을 벽돌 타일로 장식. 빈티지 가구와
잘 어울려 공간에 깊이가 생겼다.

⑦ 공원의 차경을
즐기는 커다란
창문

야외의 쾌적함을 끌어들인 거실
공원이 서향이라 거실도 서향으로 배치하고, 처마를 길게 빼 여름 햇살
을 효과적으로 차단하였다.

그렇게 해서 만들어진 집은 부부의 로망을 그
대로 실현시켜 주었다. 컨트리 스타일을 적절
히 적용하여 깔끔하고 세련된 다이닝 키친,
유리벽으로 에워싸인 거실, 리조트 호텔 같은
욕실, 그리고 남편의 고집과 장난기가 담겨
있는 차고까지.
　외국 인테리어 잡지에서 빠져나온 것처럼
눈에 띄게 세련되지만, 부담스럽지 않고 편히
쉴 수 있는, 두 사람을 닮은 집이 완성되었다.

좋아하는 가구로 채운 편안한 거실
소파는 '쥬빌리 마켓', 앤티크 트렁크를 가공한 센터
테이블은 'initial ATELIER'에서 구입한 것.

Toilet

디자인 타일과 석재 세면 볼이
이색적인 2층 화장실
석재 세면 볼과 디자인이 들어간 타일
이 포인트. 벽타일은 '나고야 모자이크
공업'의 '코라벨'.

Room

손님방을 겸한 방
어머니의 유품인 전통 장롱이
돋보이도록 벽에 전통 와시
(和紙)를 발라 격조 높은 방으
로 만들었나.

Bedroom

**시크한 색상으로
편안한 느낌의 침실**
한 벽면에 컬러 포인트를 준
침실을 로망한 아내는 짙은
자주색 벽에 우아하고 시크
한 침대를 매치시켰다. 침대
는 '이케아' 제품.

8 *Point* ----
**채광과 환기를 위한
욕실의 큰 창**

Entrance

**가족과 손님을 맞는
넉넉한 현관**
바둑판 모양의 바닥 타일이
세련된 느낌을 준다. 넓은 현
관에 대형 신발장을 짜 넣었
고, 현관문에 유리창을 더해
채광을 확보하였다.

Sanitary

**내추럴한 베이지 계열로
편안함을**
부드러운 베이지 계열 타일
과 페인트로 마감, 프랑스제
샤워 헤드와 세면볼이 세련
미를 더한다.

"책과 잡지에서 본
로망하던 걸 다 해봤어요."

**외관의 바닥돌과 목재는
자연소재로 따뜻한 느낌을**
형태는 매우 단순하게, 소재로
포인트를 주었다. 앞쪽은 차고.

Point **9** -·->
**모르타르를 스탬프
가공한 페이크 우드**

**느긋하고 개방적인
분위기의 현관**
마치 별장에 들어서는 듯, 곡선
을 그리는 진입로 계단이 손님
을 환영하는 듯하다.

Pick up

쾌적한 집을 위해 기하라 씨가
특별히 선택한 부품과
설비들이다. "역시 좋아!",
"선택하길 잘했어!"의
포인트를 소개한다.

**비계판의 러프한 질감과
어울리는 흰색 타일**
차고 벽에 사용한 브릭 타일에 화
이트 도장으로 마감했다. 운치 있
으면서도 너무 튀지 않아서 좋다.

**차고에 러프함을 더해주는
비계판**
차고 정면 벽에는 'WOOD PRO'
의 삼나무 비계판을 사용. 손때 묻
은 느낌과 광폭의 러프한 질감이
매력이다.

통기성도 좋은 목제 외벽
차고와 현관 주변은 목제 외벽을
선택. 웨스턴 적삼목을 목재 보호
도료 'SIKKENS'로 마감했다.

**모르타르 마감한
주방 상판**
모르타르를 갈아내고 투
명 우레탄으로 마감한 상
판. "오픈 하우스에서 보
고 첫눈에 반했는데 빵 만
들기에도 최적이에요."

시크 & 내추럴한 대리석 타일
물 사용 공간 주위에는 'ADVAN'의 대
리석 타일을. 천연 대리석이라 고급스
러운 공간이 되었다.

**주방을 멋있게
장식하는 문짝들**
프랑스 앤티크 가구를
생각하며 만든 '네이처
데코'의 오리지널 주방
문. 자동 잠금 장치와 놋
쇠 손잡이 등의 디테일
한 부분과 도장 색상 및
마감에도 신경을 써서
분위기를 냈다.

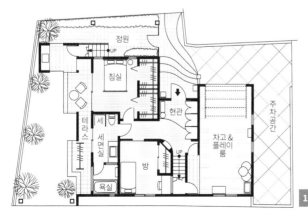

DATA

가족 구성 : 부부 + 자녀 1명
부지 면적 : 216.59㎡(65.52평)
건축 면적 : 96.87㎡(29.30평)
연면적 : 160.23㎡(48.47평)
　　　　　1F 85.29㎡ + 2F 74.94㎡
구조·공법 : 목조 2층 건물(축조 공법)
설계·시공 : NATURE DECOR/네이처 데코
　　　　　　(오우라 히로시 창작디자인연구소)
　　　　　　www.nature-decor.com

설계 POINT

토지 조건을 살려 최상의 쾌적한 집으로

**오우라 히로시 씨, 사카이 미키 씨
(NATURE DECOR (오우라 히로시 창작디자인연구소)**

포인트는 인접한 공원의 풍부한 녹음을 집안으
로 적절하게 들여오는 것. 건축주 부부는 '자연
소재를 사용'하는 것과 '멋있지만 뽐내지 않는'
집을 원했고, 이를 실현하는 설계에 초점을 맞
추었다.

설계와 디자인 아이디어가 돋보이는
살기 좋은 집짓기 50

1쇄 펴낸날   2022년 10월 20일

지은이   주부의벗사 편집부
옮긴이   박승희
펴낸이   정원정, 김자영
편집   홍현숙
디자인   나이스에이지 강상희

펴낸곳   즐거운상상
주소   서울시 중구 충무로 13 엘크루메트로시티 1811호
전화   02-706-9452
팩스   02-706-9458
전자우편   happydreampub@naver.com
인스타그램   @happywitches
출판등록   2001년 5월 7일
인쇄   천일문화사

ISBN   979-11-5536-188-7 (13590)

* 이 책의 모든 글과 그림, 디자인을 무단으로 복사, 복제, 전제하는 것은 저작권법에 위배됩니다.
* 잘못 만들어진 책은 서점에서 교환하여 드립니다.
* 책값은 뒤표지에 있습니다.
* 전자책으로 출간되었습니다.

間取りと工夫で「居心地のいい家」ベスト50
© SHUFUNOTOMO CO., LTD. 2021
Originally published in Japan by Shufunotomo Co., Ltd
Translation rights arranged with Shufunotomo Co., Ltd.
Through Botong Agency

이 책의 한국어판 저작권은 Botong Agency를 통한 저작권자와의 독점 계약으로 즐거운상상이 소유합니다.
신 저작권법에 의하여 한국 내에서 보호를 받는 저작물이므로 무단전재와 무단복제를 금합니다.